可再生能源制生物天然气技术

涂扬举 李林 曾庆 等著

化学工业出版社

·北京·

内容简介

《可再生能源制生物天然气技术》共分 5 章，首先介绍了天然气产业的现状和发展方向，然后分别对生物质厌氧消化产沼气技术、固体氧化物电解池技术、二氧化碳甲烷化技术以及沼气-SOEC电制甲烷系统集成等进行了阐述。本书在综合大量文献的基础上融入了作者的科研成果，理论和实践兼具。

本书可供生物天然气领域的科技工作者、企业管理人员和工程示范专家使用，也可供能源相关的政府部门管理人员参考。

图书在版编目（CIP）数据

可再生能源制生物天然气技术 / 涂扬举等著. —北京：化学工业出版社，2022.4
ISBN 978-7-122-40761-0

Ⅰ.①可⋯ Ⅱ.①涂⋯ Ⅲ.①再生能源-应用-天然气工程 Ⅳ.①TE64

中国版本图书馆 CIP 数据核字（2022）第 021329 号

责任编辑：宋林青	文字编辑：刘志茹
责任校对：宋 夏	装帧设计：史利平

出版发行：化学工业出版社（北京市东城区青年湖南街 13 号　邮政编码 100011）
印　　装：大厂聚鑫印刷有限责任公司
710mm×1000mm　1/16　印张 10½　字数 207 千字　2022 年 6 月北京第 1 版第 1 次印刷

购书咨询：010-64518888　　　　　　售后服务：010-64518899
网　　址：http://www.cip.com.cn
凡购买本书，如有缺损质量问题，本社销售中心负责调换。

定　　价：88.00 元　　　　　　　　　　　　　　　　版权所有　违者必究

前 言

天然气是全球经济的主要燃料，其燃烧所产生的氮氧化物、一氧化碳以及可吸入悬浮微粒极少，产生的二氧化碳也少于其他化石燃料，造成的温室效应相对较低。然而，我国天然气只占能源消费总量的 8.1%，约为全球平均水平的 1/3。在"3060 碳达峰 碳中和"两大目标的约束下，以及国家能源结构迫切需要向清洁低碳高效转型的情形下，天然气作为传统化石能源中最具潜力的清洁能源，正成为我国能源结构深度调整的主要抓手和低碳转型发展的重点任务。

生物天然气一般来源于餐厨垃圾、畜禽粪便、农林废弃物等有机质厌氧发酵产生的沼气。沼气经过分离净化后所得的生物天然气，是重要的绿色清洁燃料。2019 年 12 月，国家发改委、生态环境部、农业农村部等十部委联合发布《关于促进生物天然气产业化发展的指导意见》，提出积极发展新的生物天然气可再生能源产业，制定了到 2030 年生物天然气年产量达到 200 亿立方米的目标。

通过电解水制氢技术将富余清洁电力转化得到氢能，然后与沼气中的 CO_2 进行甲烷化得到生物天然气，不仅能够实现生物天然气制备的碳减排，还能提升生物天然气的产量，实现沼气资源化利用，以及大规模消纳富余清洁能源，更有望部分缓解我国天然气产量不足的难题。其中，以固体氧化物电解池（SOEC）技术为核心的电制生物天然气，由于其高能效的特点，是国际科技竞争的焦点。目前丹麦 Topsoe 已经建立了 50 kW 的 SOEC 电制生物天然气装置，并正在筹建更大规模的示范案例；国内尚无相关的示范案例。为了进一步推动电制生物天然气技术研发与示范，国能大渡河流域水电开发有限公司组织并联合清华四川能源互联网研究院、四川大学等有关专家编写了《可再生能源制生物天然气技术》一书。

本书共分 5 章，主要对电制生物天然气技术背景和产业发展、生物质厌氧消化产沼气技术、固体氧化物电解池技术、二氧化碳甲烷化技术以及沼气-SOEC 电制甲烷系统集成等进行阐述，可为电制生物天然气相关领域研发的科技工作者、政府部门管理人员、企业管理人员和工程示范专家提供参考。

　　本书在编著过程中得到了四川省科技厅、成都市科技局、国家能源投资集团有限责任公司，以及四川省各地政府和有关部门的大力支持，得到了有关协会与机构的大力帮助，特此致谢！

　　由于时间仓促，不足之处敬请指正。

著　者

2021 年 12 月

目 录

第1章
绪论   1

第2章
生物质厌氧消化产沼气技术研究   19

第 3 章
固体氧化物电解池技术开发　　52

第 4 章
CO_2 催化甲烷化及反应机理研究　　81

绪 论

1.1
天然气产业的发展方向与应用

1.1.1　天然气在我国能源结构中的地位与前景

　　天然气是全球经济的主要燃料，与煤炭、石油等黑色能源相比，天然气燃烧所产生的氮氧化物、一氧化碳以及可吸入悬浮微粒极少，几乎不产生导致酸雨的二氧化硫，燃烧之后也没有废渣、废水，产生的二氧化碳也少于其他化石燃料，造成的温室效应相对较低。正是由于上述优势使天然气资源的开发利用成为全世界能源工业的发展潮流。据《2020 年 BP 世界能源统计年鉴》统计[1]，在 2019 年的全球一次能源消费比例中，天然气占 24.2%，煤炭占 27.0%，石油占 33.1%，如图 1-1 所示。2019 年，全球一次能源消费增长速度降至 1.3%，不及 2018 年的二分之一，但天然气消费增长了 780亿立方米，增速达到 2%，且主要由中国和美国带动。

　　结合《中国能源发展报告 2020》[2]，我国天然气占能源消费总量的 8.1%，约为全球平均水平的 1/3；能源超过五成由煤炭提供，远高于全球平均水平，如图 1-1 所示，我国的能源结构转型之路还需要付出更大的努力。天然气行业发展一般会经历启动、发展和成熟 3 个阶段，其中发展阶段需要约 30 年的时间。我国天然气产业目前仍处于发展期，但是近年来天然气产业的发展取得了明显的成就：管网等基础设施加速建设、日趋完善；在"管住中间、放开两头"的电力体制改革思路下，全产业链体制不断深化改革；在"3060 碳达峰　碳中和"两大目标的约束下，以及国家能源结构迫切需要向清洁低碳高效转型的情形下，天然气作为传统化石能源中最具潜力的清洁能源，正成为我国能源结构深度调整的主要抓手和低碳转型发展的重点任务。2020年新冠肺炎疫情突然爆发，多个行业的发展呈现断崖式下跌，但天然气市场在短时间内即实现供应反弹，并保持较快速度增长直至恢复平稳，其强大且独特的市场韧性特征使天然气市场在未来仍有一定的增长空间。

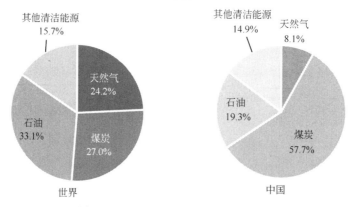

图 1-1　2019 年世界与中国能源消费结构

1.1.2　生物天然气发展的战略意义

我国天然气的生产超 97% 来源于常规气、页岩气和煤层气的开采，如图 1-2 所示。油田工程在钻井、井下作业、采油、原油集输作业等方面都会对环境造成影响，产生废水、废气、固体废弃物等，不仅污染水体、大气、土壤环境，还破坏地层和地表景观，改变原始自然生态环境，而且这种对原始自然生态环境造成的影响有些是难以恢复和不可恢复的，而且仅天然气生产过程中排放的甲烷就超过全球油气行业的 50%。

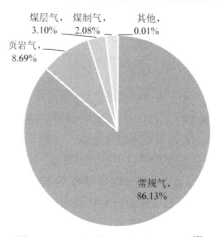

图 1-2　2019 年我国天然气生产结构[3]

为打好污染防治攻坚战，推动天然气产业链高质量、可持续发展，2019年12月，国家发改委、生态环境部、农业农村部等十部委联合发布《关于促进生物天然气产业化发展的指导意见》，提出积极发展新的生物天然气可再生能源产业，制定了到2030年生物天然气年产量达到200亿立方米的目标。生物天然气不用进行油气田开采，以生物质能为原料产生沼气，然后将沼气进行除尘、脱硫、脱碳等精炼提纯，使甲烷含量从50%～80%提高到90%以上。如图1-3所示，生物天然气有多种应用场景：用于热电联产单元同时供电和供热、替代石油作为车辆燃料、直接供暖，以及作为化工原料替代以天然气为基础的产品[4]。

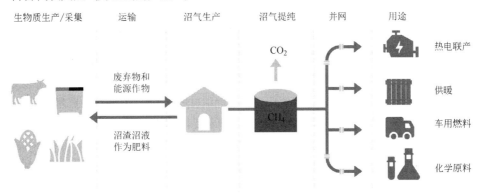

图1-3　生物天然气的生产和用途

生物天然气的发展是我国能源系统发展的关键一环，具有重要的发展意义。分布式小规模生物天然气生产通过生物质能的就地收集、就地加工转化和就近消费利用，有助于构建分布式可再生清洁燃气生产消费体系，推进农村散煤的替代进程，恢复农村生态环境；规模化生物天然气的利用，通过工业化、集中式、专业化的方式处理城乡有机废弃物，实现畜禽粪污等产业化、资源化、可持续利用，对新时代推进生态文明建设具有重要作用。另外，生物天然气不仅避免了油气田开采带来的环境污染，而且可以作为常规天然气的重要补充，在加快可再生能源在燃气领域的应用，以及培育发展可再生能源新兴产业方面有重要的作用[5]。

1.1.3　碳中和下可再生能源制天然气的发展机遇

如图1-4所示，全球可再生能源，尤其是新能源（光伏和风电）部署加快。光伏继续引领容量扩张，增加了127 GW，同比增加22%，风电装机也稳步上升，增加了111 GW，同比增加18%[6]。光伏和风电的总增量占2020年所有可再生能源装机净增加量的91%。可再生能源电力的飞速发展，虽然给电力系统的低碳转型带来了机遇，但是也给电力系统的稳定带来了挑战。

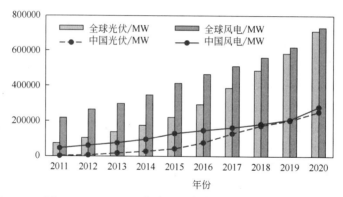

图 1-4　2011～2020 年中国及全球光伏和风电的装机

风能和太阳能由于其固有的间歇性和波动性特征，对电力系统的稳定有不可忽视的影响。如图 1-5 所示，正午太阳辐射增强，负荷无法完全消纳过剩的光伏发电量，导致弃光；而夜间风电出力较大，负荷无法完全消纳过剩的风力发电量，导致弃风。为实现电力系统的稳定，需可调节资源动态出力，但若依赖每日频繁启停火电机组来平衡系统，明显是不经济的。所以，面对可再生能源并网比例持续增加，电力系统供需不平衡的矛盾日益突出的情况，充分发挥储能作为可调节电源的作用是实现高比例可再生能源电力系统长效稳定的关键。长远来看，大力发展大规模跨季度能量型储能是彻底解决大规模可再生能源消纳问题的重要技术路线，是实现电力系统的稳定运行和可再生能源电力的长效消纳以构建高比例可再生能源的稳定的电力系统的重要路径。

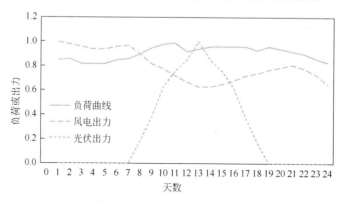

图 1-5　某地典型日负荷曲线和风、光出力曲线

而要实现大规模跨季度能量型储能必须满足以下要求：①能量密度高；②储能周期长；③功率等级高。而同时满足能量密度高，储能周期长，功率等级高这三个要求的储能技术主要是化学储能，如电转氢或合成天然气。化学储能的优势是能量密度很高，可达万 $W \cdot h/kg$ 级；储存的能量很大，可达太瓦时（$TW \cdot h = 10^{12} W \cdot h$）级；储存的时间也很长，可达数月、数年；另外氢和合成天然气除了可用于发电外，还可有其他利用方式，如交通、化工等领域。因此，大力发展化学储能技术被认为是实现电力

大规模长周期能量型储存的关键。通过电解水制氢可以实现电能的大规模储存，但是氢气与已经建立起完善的输配管网和终端利用设施的天然气相比，我国氢利用尚处于分布式小规模试点，输配管网未建立，终端利用设施不完善。

此外，生物天然气的发展虽然不可忽视地具有重要的战略意义，但目前的生物天然气主要是通过沼气提纯制备，沼气中 40% 左右的 CO_2 未被利用，而是排放到大气环境中，这种方式不仅造成大量温室气体排放，还严重浪费碳资源。CO_2 虽然是温室气体，但也是众多化工行业的重要材料。将 CO_2 转化为其他物质，不仅能够减少 CO_2 排放，而且能实现能量的储存利用。在"3060 碳达峰 碳中和"的背景下，碳减排已经成为国家的重要发展战略。通过电解水制氢技术将富余清洁电力转化得到氢能，然后与沼气中的 CO_2 甲烷化得到天然气，不仅能够实现生物天然气制备的碳减排，还能提升生物天然气的产量，实现沼气资源化利用，以及大规模消纳富余清洁能源，更有望部分缓解我国天然气产量不足的难题（图 1-6）。

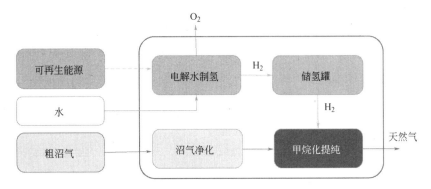

图 1-6　电解水制氢的可再生能源高效制天然气技术路线

1.2
国内外可再生能源制天然气现状

1.2.1　沼气提纯制生物天然气现状

近年来，沼气提纯生物天然气技术在国外已经取得长足的进步，特别是在欧洲应用较为普遍，已经建立了商品化且完善的产业链。其中德国、丹麦等国家的沼气工程装备已经实现设计标准化、生产工业化及产品系列化，并且工程装备的组装技术也达到了模块化和规范化。德国沼气工程技术和沼气提纯技术均处于世界领先地位，是全球生物天然气发展最为成熟的国家之一。如图 1-7 所示，为了深度助推温室气体减排，从 2000 年起德国就大刀阔斧地发展生物质能产业，在《可再生能源法》补贴支持下，2006～2014 年间，沼气净化提纯厂的数量和生物天然气并网容量迅速增加，此后增速放缓，截至 2019 年年底，德国生物天然气生产厂家超 200 个，生物天然气年产量超过 110 亿立方米/年，提前实现 2030 年生物天然气产量达到 100 亿立方米的目标。为支持生物天然气的发展，德国政府采取了一系列措施，如农民建设沼气工程可得到德国沼气协会从技术咨询到贷款担保的一系列服务，与沼气协会定有协议的银行和保险公司分别提供贷款和保险。而且为了鼓励车用生物天然气的发展，德国在能源消费税和 CO_2 超排税两方面给予了优惠，使生物天然气的售价远低于汽油和柴油。

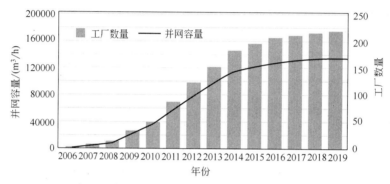

图 1-7　2006～2019 年 4 月德国沼气净化提纯厂数量及其天然气管网并网容量增长情况[4]

　　丹麦是全球饲养密度最高的国家之一，自然环境十分脆弱，但这也为丹麦大力发展符合环境安全的畜禽粪便循环利用技术提供了发展机遇。丹麦的生物天然气起步于 20 世纪 70 年代，2012 年，丹麦政府制定了到 2050 年全国要 100%利用可再生能源的政策，预计到 2050 年丹麦天然气的用量将会减半，并全部由生物天然气提供。截至 2019 年丹麦包括风能、太阳能和生物质能在内的可再生能源在电力生产中的总比重已经达到 72%。在生物天然气的发展上，丹麦通过专门的政府资助计划、化石燃料消费税、垃圾处理费用、限制田间氮磷肥施用等一系列激励政策支持沼气发展，如图 1-8 所示，2012～2020 年间，丹麦沼气总产量不断增长，为 2012 年的增长四倍，年产量达到了约 20 MJ。丹麦的沼气从 2012 年仅用于电力生产，现在已经将越来越多的沼气经过提纯净化后作为生物天然气并入了天然气网络，代替化石天然气用于工业、交通运输、供热和供电，进入多元化发展阶段。

　　瑞典是生物天然气用于车用燃气最广泛的国家。在 20 世纪 90 年代，瑞典就已经将沼气净化提纯，制备出甲烷含量在 95%以上的生物天然气并作为汽车燃料投入使用，而且在 2015 年时，生产的生物天然气已经实现了全国范围内 30%的车用燃气供给。瑞典政府计划到 2060 年实现生物天然气对常规天然气的完全替代，为此采取了一系列优惠政策加速生物天然气的发展：包括生物天然气车辆购车补贴及减收车辆使用税，甚至免征能源税、CO_2排放税等。意大利沼气产业从 2008 年进入快车道，但是在进料溢价等不利因素的作用下，沼气的制备从能源作物再次转化为以副产品和农业废弃物为基础，使得沼气产业链上原料生产及衍生热能、电力的发展受到严重阻碍或停滞。终于在 2018 年 3 月，意大利通过了"生物天然气法令"，再次给意大利生物天然气产业的发展带来了勃勃生机：2019 年年初意大利已有 6 个生物天然气工厂正式投入运行，同时还有 900 多个气网建设项目正在积极策划中，若项目全部落地实施并投产，年产可再生能源燃料可达到 22 亿立方米。基于生物天然气巨大的发展潜力及其在交通运输燃料中的应用前景，意大利首先全力支持生物天然气在交通运输部门的快速增产和降本，然后再逐步向其他领域拓展。

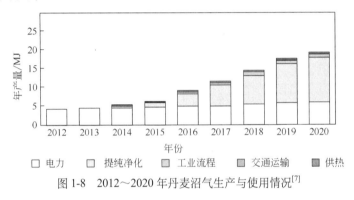

图 1-8　2012～2020 年丹麦沼气生产与使用情况[7]

我国沼气发展从 2015 年进入转型升级期，随后一系列政策的颁发为生物天然气的发展提供了基础。2016 年，中央财经领导小组在第十四次会议上指出："要坚持政府支持、企业主体、市场化运作的方针，以沼气和生物天然气为主要处理方向，力争'十三五'时期，基本解决大规模畜禽养殖场粪污处理和资源化问题"。2017 年中央"一号文"——《中共中央国务院关于深入推进农业供给侧结构性改革加快培育农业农村发展新动能的若干意见》提出，"大力推行高效生态循环的种养模式，加快畜禽粪便集中处理，推动规模化大型沼气健康发展"。2018 年《乡村振兴战略规划（2018—2022)》指出加快推进生物质热电联产、规模化生物质天然气和规模化大型沼气等燃料清洁化工程。2019 年《关于促进生物天然气产业化发展的指导意见（征求意见稿）》提出以实现生物天然气工业化商业化可持续发展，形成绿色低碳清洁可再生燃气新兴产业为目标，将生物天然气纳入国家能源体系，到 2030 年生物天然气产量超过 300 亿立方米。目前，针对沼气提纯制备生物天然气，国内在化学吸收、压力水洗、变压吸附等技术领域已研发出可商业化应用的提纯设备。其中变压吸附法、压力水洗法和化学吸收法在我国沼气提纯领域的市场份额超过 90%。2015～2017 年间，国家为促进沼气和生物天然气的发展，每年投资 20 亿元，在各地支持了近 1400 处大型沼气工程建设及 64 个生物天然气试点项目。不过整体而言生物天然气试点项目发展缓慢，对国内天然气生产总量的贡献率仍然偏低，多数项目还处于试运行状态，满负荷、稳定运行的项目依旧占少数。如图1-9所示，截至2018年年底，64个生物天然气项目在正常运行的只有22个，仅占34.38%。此外，在建和未建项目有35个，完工还未运行的有7个[8]。

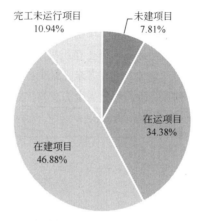

图 1-9 64 个生物天然气示范项目建设和运营情况

1.2.2 可再生能源电力制天然气

目前，可再生能源电力制备天然气（Power to CH₄）储能技术主要有两条路线：电解水制氢结合 CO_2 加氢甲烷化技术路线和高温共电解 H_2O/CO_2 混合气体技术路线。

（1）电解水制氢和加氢甲烷化

电解水制氢主要有以下三种技术：碱式电解水技术（AEC）、质子交换膜技术（PEM）和高温电解水技术（SOEC）。表 1-1 对比了三种电解技术的材料、性能以及成本等参数。

表 1-1 不同电解水制氢技术对比[9,10]

参数	AEC	PEM	SOEC
电解质	氢氧化钾溶液	聚合物膜	YSZ
阴极	Ni，Ni-Mo 合金	Pt，Pt-Pd	Ni/YSZ
阳极	Ni，Ni-Co 合金	RuO_2，IrO_2	LSM/YSZ
操作压力/bar（1 bar=10^5 Pa）	<30	<200	<25
工作温度/℃	60~80	50~80	650~1000
电流密度/（mA/cm²）	0.2~0.4	0.6~2.0	0.3~2.0
电压/V	1.8~2.4	1.8~2.2	0.7~1.5
功率密度/（mW/cm²）	<1	<4.4	—

参数	AEC	PEM	SOEC
能源转换效率（HHV）/%	62～82	67～82	<110
电解能耗/（kW·h/m³H₂）	4.2～5.9	4.2～5.5	>3.2
系统单位能耗/（kW·h/m³H₂）	4.5～7.0	4.5～7.5	>3.7
电堆寿命/h	60000～90000	20000～60000	<10000
响应时间	秒级	毫秒级	秒级
冷启动时间/min	<60	<20	<60
应用程度	成熟	商用	示范

碱式电解水技术（AEC）是现有最为成熟的大规模工业应用的电解水技术。该技术起始于 20 世纪 20 年代，拥有相对成熟的堆叠组件，而且不使用贵金属。国内和国外的 AEC 制氢已经能实现工业化，国内苏州竞立、中船重工 718 所、扬州中点等，国外 Hydrogenics、NEL Hydrogen、HT Hydrotechnik 等皆具有商业化的 AEC 电解装置产品，电解能耗≤5 kW·h/m³ H₂，电解效率≥65%。但是 AEC 由于低电流密度和低功率密度的缺点，使系统尺寸和制氢成本不断上升，而且该技术动态响应水平有限，频繁启动和动态变化的功率输入可能会降低系统效率和气体纯度。所以 AEC 的研究重点是增加电流密度，增加工作压力以及优化设计动态操作系统。

质子交换膜电解技术（PEM）是基于固体聚合物电解质的电解水制氢技术。该技术最早于 20 世纪 60 年代由美国通用电气公司开发，目的是克服 AEC 的缺点，目前主要用于小规模制氢，技术成熟度较差于 AEC。国内淳华氢能制备的 PEM 电解装置，制氢产能 10～50 m³/h，电解能耗 4.8～5.0 kW·h/m³ H₂，2020 年 4 月，全球最大规模的结合太阳能和 PEM 电解水制氢储能及综合应用示范项目在宁夏宁东能源化工基地开工建设，合计年产氢气可达 1.6 亿立方米。国外 PEM 水电解制氢技术也处于工业化的前期阶段，西门子（Siemens）制造的 PEM 电解装置 Silyzer100 制氢产能 22.4 m³/h，电解能耗小于 4.5 kW·h/m³ H₂，电解效率达到 80%。PEM 具有高的功率密度和电流密度，能提供高压的纯氢，且操作灵活的优势；但是昂贵的铂催化剂和氟化膜材料使得其投资成本较高，而且由于操作压力高和进水纯度要求高，PEM 系统结构复杂，使用寿命短于 AEC。因此，PEM 的研究聚焦于降低系统复杂性、开发更便宜的材料和更简易的堆叠工艺，从而扩大系统规模和降低投资成本。

SOEC 使用固体氧化物氧离子导电陶瓷作为电解质，是目前正在大力开发的一种电解技术，也是本书的主要研究对象之一，电解制氢效率可接近 100%，且全固态和模块化组装方式使得其可以根据需求灵活调整产氢规模用于多种场合。SOEC 尚未商业化，但已经在实验室规模上得到验证和示范。SOEC 技术面临的一个关键挑战是高温对电池材料和组堆工艺要求很高。丹麦在 SOEC 方面有雄厚的研究基础，早在 2007年欧盟委员会资助的"高效、可靠的新型固体氧化物电解池制氢"项目中，丹麦技术大学就在电解池动力学及电池耐久性方面取得了代表性的研究成果；过去十年间，实现了蒸汽电解长期工作（1 A/cm²）衰减速率从 40%/1000 h 降低到了 0.4%/1000 h 的突破。目前 SOEC 的研究重点是提升现有的组件材料性能，开发新型材料，以及新型组堆工艺并将操作温度适当降低，从而实现该技术的商业化应用。

　　关于电制氢转天然气，国际社会已经开启了大量的研究和示范。如表 1-2 所示，德国是目前开展电制天然气项目最积极的国家，设立了 30 个电转天然气项目，其中有 14 个项目已经实现天然气的并网运行，而且 e-Gas-Anlage Werlte 项目规模达到 6 MW；另外丹麦建立了 7 个电转天然气项目，规模在 0.025～1 MW，其中 5 个已经并网运行；日本有 2 个电转天然气项目，尚未并网；美国有 4 个电转天然气项目，最大规模为 0.25 MW，其中 2 个已经并网运行；挪威、法国、芬兰、澳大利亚有多个电转天然气项目正在建设或已经并网。我国在加氢甲烷化方面也取得了一定的成就，中国石油化工集团研制并搭建了工业级微通道反应器，CO_2 的转化率可达 98%以上。

表 1-2　截至 2019 年 9 月，全球现有电转天然气项目[11]

国家	项目名称	并网	时间
丹麦 7 个	Towards the Methane Society, Phase 1	是	2011
	El-upgraderet Biogas（0.04 MW）	是	2013
	P2G-Foulum Project（0.025 MW）	否	2013
	MeGa-stoRE 1	是	2013
	SYMBIO	否	2014
	BioCat Project（1 MW）	是	2016
	MeGa-stoRE 2（0.25 MW）	是	2018
德国 30 个	SolarFuel-Alpha 1st site v（0.025 MW）	否	2009
	SolarFuel-Alpha 2nd site（0.025 MW）	是	2010
	SolarFuel-Alpha 3rd site（0.025 MW）	否	2011
	Methanisierung am Eichhof, SolarFuel-Alpha 4th sitalye（0.025 MW）	否	2012
	REG-Technikum（0.25 MW）	否	2012
	Biocatalytic methanation	是	2013
	CO₂RRECT（0.1 MW）	是	2013
	Forschungsanlage am Technikum Germanys PFI	否	2013
	PtG am Eucoli No（0.108 MW）	否	2013
	e-Gas-Anlage Werlte（6 MW）	是	2013
	Forschungsanlage Germanyr DVGW-Forsch.-stelle am EBI	否	2014
	GermanymoSNG (2nd site)（0.006 MW）	是	2014
	BioPower2Gas（0.3 MW）	是	2015
	GICON-Großtechnikum	否	2015
	PtG-Emden（0.312 MW）	是	2015
	WindGas Falkenhagen（2 MW）	是	2015
	HELMETH（0.008 MW）	是	2015
	Energiepark Pirmasens-Winzeln（2.5 MW）	是	2015
	EXYTRON Demonstrationsanlage（0.021 MW）	否	2015

国家	项目名称	并网	时间
德国 30 个	Mikrobielle Methanisierung（0.275 MW）	是	2015
	Biogasbooster	否	2015
	BioPower2Gas-Erweiterung	是	2016
	Exytron Zero-Emission-Wohnpark（0.063 MW）	否	2016
	Biologische Methanisierung in Rieselbettreaktoren	否	2016
	Einsatz Germanyr biologischen Methanisierung	否	2016
	Laborreaktor am Fraunhofer IWES	否	2016
	bioCONNECT	是	2016
	Direktmethanisierung von Biogas（0.05 MW）	是	2017
	ORBIT 1st site	否	2018
	MicroPyros GmbH v（0.25 MW）	是	2018
日本 2 个	Continuous CH$_4$ Production from H$_2$ and CO$_2$	否	1988
	Continuous methane fermentation	否	2004
美国 4 个	Methane production from synthesis gas	否	1991
	CO$_2$-Recycling via reaction with hydrogen（0.005 MW）	是	2009
	High-Performance Biogas Upgrading	否	2017
	SoCalGas-NREL（0.25 MW）	是	2017

（2）高温共电解制甲烷

国内外科研人员近年来也对高温共电解制甲烷进行了研究，该法将水蒸气和 CO$_2$ 在阴极共电解生产合成气（H$_2$+CO），如图 1-10 所示，再利用合成气生产甲烷。该技术路线要求通入 SOEC 中 CO$_2$ 和 H$_2$O 的比例稳定可靠，否则会生成大量副产物，尤其是电极材料上积碳将影响 SOEC 寿命。而在生物气环境中，CO$_2$ 含量是波动的，这将使 SOEC 的进气调控复杂化。另外，净化后的生物气中仍含有微量硫、氨等元素，会增加电极材料的催化剂中毒风险，从而降低电堆寿命和共电解效率。所以，针对基于生物气的电制气储能系统，SOEC 电解水制氢的甲烷化技术路线相较于共电解而言更具操控灵活性，且有利于延长电堆寿命，尤其在应用到大规模电制气储能系统方面更具成本优势和市场推广价值。

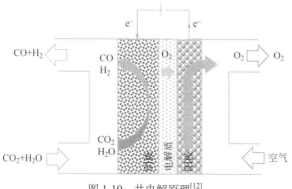

图 1-10 共电解原理[12]

1.3
我国发展可再生能源制天然气的意义

中国已全面确立 2030 年前碳达峰、2060 年前碳中和的目标。实现碳中和，需要多部门共同减排以平衡排放的 CO_2 和吸收利用的 CO_2，涉及碳减排、清洁能源利用和碳捕集等技术。碳减排即通过提高燃料效率的手段来降低传统化石资源的用量，以减少碳排放；清洁能源利用则是不断开发和提高风能、水能、光能、生物质能源等没有排放的一次能源利用量，实现清洁能源对化石能源的替代。碳捕集技术是将物质生产过程中产生的 CO_2 进行提纯，进而投入到新的生产过程中以转化为其他高附加值的物质，实现碳源的循环再利用。我国是人口大国和农业大国，对能源供应和环境保护有着极大的需求，生物质能耦合 CO_2 捕获并转化为可再生天然气是重要的碳中和技术之一，具有重要的发展意义。

1.3.1 缓解天然气供需矛盾，保障能源安全

我国天然气冬季供需的短期矛盾将成为常态，发展可再生能源制天然气是缓解天然气供需矛盾的必要支撑手段。目前天然气市场供需形势正由"供应驱动消费"向"需求拉动消费"转变，市场供应逐渐宽松，但是随着大气污染防治工作、"煤改气"工程以及生态文明建设的深度推进，冬季天然气市场需求快速增长，使天然气的供需形成巨大的季节峰谷差，供需矛盾日益凸显。

从消费结构看，城市燃气已经成为天然气消费的主力，2019 年消费量同比增长 14.1%，占全国总消费量的 37%，如图 1-11 所示。但城市燃气是天然气四大消费行业中燃气不均匀系数波动范围最大的，为 0.73～1.66。随着城市燃气比重不断提高，城市燃气所需调峰需求也在进一步扩张。其次，燃气不均匀系数波动性较大的是天然气发电行业，范围为 0.67～1.46。天然气发电波动分别在夏季和冬季各出现一个峰值，夏季为调峰电厂主导的用气高峰，冬季为热电厂主导的用气高峰，2019 年天然气发电夏季峰值出现在 5 月，不均匀系数低至 0.67，冬季峰值出现在 12 月，不均匀系数高达 1.46。从消费地域来看，环渤海、长三角、东南沿海和西南地区是天然气消费的主力军，消费总量超过全国总消费量的 60%。其中，环渤海地区由于是大气污染防治行动计划的重点区域，其用气需求在国家"煤改气"等政策的助推下不断增长，用气具有波动性大、刚性需求大、峰谷比大的特点，最高月不均匀系数可达 1.7，环渤海地区冬季天然气供需的稳定，直接影响我国天然气市场冬季整体供应情况[13]。

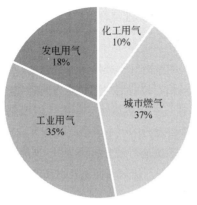

图 1-11 2019 年我国天然气消费结构[14]

此外，我国天然气对外依存度高，发展可再生能源制天然气可实现对常规天然气的替代，对保障我国能源安全具有重要的发展意义。我国天然气需求不断增加推动着天然气产业快速发展，近十年来，天然气产量、液化天然气和管道气进口量均稳定稳步增长（如图 1-12 所示）。根据国家统计局发布的《中华人民共和国 2020 年国民经济和社会发展统计公报》，我国 2020 年天然气产量为 1925 亿立方米，同比增长 9.8%；根据中国海关数据，2020 年虽然受到新冠疫情的影响，我国天然气进口量为 1403 亿立方米，同比增长 6.3%，增速回落 0.2%，但仍然稳居全球第一大天然气进口国。2010～2018 年我国天然气对外依赖度呈现增长态势，2019～2020 年稍有改善，但截至 2020 年年底，我国天然气对外依存度仍然超过 40%。过高的天然气对外依存度使得国家的能源安全受到威胁，发展可再生能源制天然气，是增加国内天然气产量，降低天然气对外依存度，保障国家能源安全的重要手段。

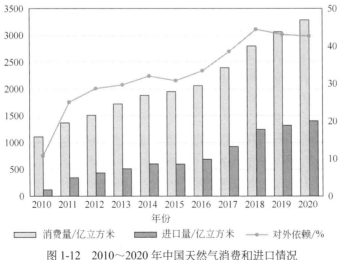

图 1-12 2010～2020 年中国天然气消费和进口情况

1.3.2 保护生态环境，促进沼气规模化开发

我国沼气资源丰富，大中型沼气工程是目前我国生物质能的主要组成部分，其来源主要由城市工业沼气原料和农林业沼气原料两方面组成。

城市工业沼气原料主要包括工业废水、废渣，城市生活垃圾、污水污泥。2011年，中丹可再生能源发展项目发布的《中国沼气工程产业发展研究报告》对我国未来城市大中型沼气工程沼气资源量进行了分析预测[15]，如表1-3所示。2030年工业废弃物产沼气资源量、城市垃圾填埋产沼气资源量及城市污水污泥产沼气资源量将分别达到510亿立方米、420亿立方米和28.8亿立方米，合计产沼气总量达到958.8亿立方米；到2050年，城市工业沼气原料产沼量进一步增长，合计达到1149.5亿立方米，折合标煤8207.4万吨。

表1-3　我国城市工业大中型沼气工程沼气资源量统计及预测

项目	2030年	2050年
工业废弃物产沼资源量/亿立方米	510	637.5
城市垃圾填埋场产沼资源量/亿立方米	420	480
城市污水厂污泥产沼资源量/亿立方米	28.8	32
合计/亿立方米	958.8	1149.5
折合标煤/万吨	6845.8	8207.4

沼气原料主要包括农作物秸秆、畜禽粪便、农产品加工剩余物、蔬菜剩余物、农村有机生活垃圾以及林业木制剩余物。随着经济社会发展、生态文明建设和农业现代化推进，农业废弃物沼气生产潜力还将进一步增大。据《全国农村沼气发展"十三五"规划》分析测算，农业可用于沼气生产的废弃物资源总量约14.04亿吨，沼气生产潜力约为1227亿立方米；如表1-4所示，农作物秸秆资源理论资源量为10.4亿吨，可供沼气生产利用的约1.8亿吨，沼气生产潜力约为500亿立方米；畜禽粪便主要资源量为19亿吨，可供沼气生产利用的畜禽粪便资源量约10.6亿吨，沼气生产潜力约为640亿立方米；其他有机废弃物总量约2.1亿吨，可供沼气生产利用的资源量约0.2亿吨；全国果蔬加工废弃物总量约2.6亿吨，可供沼气生产利用的资源量约1.14亿吨；全国农村有机生活垃圾总量约0.8亿吨，可供沼气生产利用的资源量约0.3亿吨。总体其他有机废弃物可利用量共1.64亿吨，沼气生产潜力约为87亿立方米。据《生物质能发展"十二五"规划》统计：全国林地面积3.04亿公顷，可供能源化利用的主要是薪炭林、林业"三剩物"、木材加工剩余物等每年约3.5亿吨，沼气生产潜力约为2800亿立方米。合计农林业沼气资源量达到4027亿立方米。

截至2019年，全国沼气年产量约190亿立方米，沼气利用规模还比较小，沼气利用仍然还有巨大的空间；而生物天然气气量仅约12775万立方米，距离2030年生

物天然气年产量达到200亿立方米的目标还有很大的差距。发展可再生能源制天然气，能够推动沼气的规模化利用，促进沼气资源的开发，也能提升生物天然气的产量，助力2030年200亿目标的实现。

表 1-4　我国农林业沼气资源量统计（2015 年）

项目	2015 年资源量/亿吨	沼气生产潜力/亿立方米
农作物秸秆资源	10.4	500
畜禽粪便资源	19	640
其他农业废弃物资源	5.5	87
林业木制剩余物	3.5	2800
合计	38.4	4027

注：农林业沼气资源为 2015 年数据，但农林业受地理范围约束，资源相对稳定。

1.3.3　促进可再生能源电力消纳，助力能源健康发展

我国可再生能源装机容量不断增长，但弃风弃光弃水依然居高不下，如图 1-13 所示。总的来看，在 2016 年以前，新能源弃电现象呈现逐年增大的趋势。随着多种新能源消纳举措的实施，2017～2020 年的新能源总体弃电量相对有所缓解，但可再生能源弃电量依然超过 500 亿千瓦时。2020 年全国弃风率 3.4%，同比减少 0.6%，全国弃光率 2%，同比持平，但进一步分析可知，我国弃风率和弃光率明显受到季节的影响，2020 年全年最高弃风率和弃光率皆发生在 2 月份，分别达到 7.9% 和 5.6%（见图 1-14），远高于全国平均情况，整体弃风率和弃光率也明显受到季节的影响，波动性较大。所以我国的弃电情况虽然稍微缓解，但形式仍然不容乐观，大规模可再生能源富余电量的存储与消纳成为我国能源健康发展亟待解决的重要难题。2021 年 3 月 30 日，国家能源局印发《清洁能源消纳情况综合监管工作方案》，明确落实

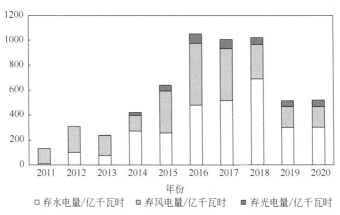

图 1-13　可再生能源弃电量

对风电、光伏等清洁能源消纳问题进行监管。发展可再生能源制天然气能够通过电解的方式实现电力资源的消纳，缓解我国的弃电现状，促进电力系统的健康稳定发展，减少经济损失。

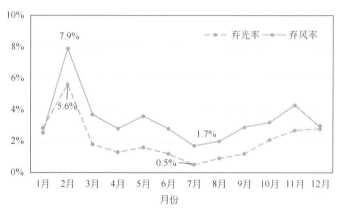

图 1-14 2020 年各月弃风率和弃光率[16]

正是基于我国"碳达峰-碳中和"、缺气富电的能源结构、氢气配套基础设施和利用体系尚不完善的背景，在 Power to X 技术体系下，利用可再生能源电力制氢气，再将氢气和沼气中的 CO_2 进行甲烷化反应，使 CO_2 转变为甲烷，不仅可以免去生物天然气生产所需的 CO_2 分离设备，还减少 CO_2 排放，增加生物天然气产量。通过该技术，将不方便输配和利用的氢气转化为可以成熟商业化利用的天然气，将不能长周期大规模储存的电能转化为可以大规模储存的化学能，将可再生能源电力转化为碳基资源并实现温室气体 CO_2 的循环利用。我国能源产业正面临低碳化转型，基于生物气的电制甲烷储能技术既可充分利用可再生能源，又能实现生物气资源化利用，顺应了我国能源转型的大趋势，同时也有助于增强能源安全，减轻我国在天然气资源上的对外依赖，但基于生物气规模化利用的电制气技术研究还处于初级阶段。因此，开展基于高温电解水制氢联合生物气高效制甲烷的大型储能关键技术研究具有重大现实意义。

1.4
本章小结

当前，我国的能源安全保障和绿色低碳发展面临诸多挑战：

① 天然气是我国能源结构中的支柱产业之一，但其比重仅约为全球平均水平的

三分之一，且严重依赖进口，对外依存度超过40%，面临巨大的能源安全风险；

② 城市垃圾、畜禽粪便等污染物不断增长，使沼气资源化潜力巨大，但是目前沼气利用的规模仍然较小，年产量也相对较小，生物天然气的发展更是在初级阶段，距离2030年200亿立方米生物天然气的目标还差99%；

③ 我国可再生能源装机和年发电量不断增长，"弃水弃光弃风"问题虽然近年来稍微有所缓解，但是年弃电量仍超过500亿千瓦时，面临巨大的经济损失。

为推进生物天然气的发展，缓解我国的弃电现状，保障能源安全和促进可持续发展，综合利用生物质能、富余清洁电力来进行长周期大规模的能量存储是有效的方式。基于高温电解水制氢的可再生能源高效制天然气技术，主要包含高温电解水制氢单元以及甲烷化单元。它能将我国大量的废弃物以沼气的形式资源化利用，将富余清洁电力转化为氢能，再将沼气中的CO_2与氢气进行甲烷化反应生成天然气，经过进一步压缩冷凝制备压缩天然气。此技术的特点是与电力系统高度耦合，具备削峰填谷电力储能的功能。这种技术的推广有望缓解我国富余可再生能源的消纳难题，实现二氧化碳减排，帮助实现沼气资源规模化利用，并促进我国天然气的自给自足，帮助我国实现能源结构调整，构建清洁安全的能源体系。

参考文献

[1] 《世界能源统计年鉴》和《世界能源展望》团队. BP世界能源展望（2020年版）[R],2020.

[2] 中国能源研究会. 中国能源发展报告2020[M]. 中能智库丛书，2020.

[3] 国家能源局石油天然气司，国务院发展研究中心资源与环境政策研究所，自然资源部油气资源战略研究中心. 中国天然气发展报告2020[M]. 北京：石油工业出版社，2020.

[4] Frank Scholwin, Johan Grope, Angela Clinkscales, 等. 德国生物天然气发展思索-生产及并网的激励政策、商业模式、技术与标准[M]. 北京：中德能源与能效合作伙伴. 柏林：德国国际合作机构，2020.

[5] 发展改革委，能源局，财政部等关于促进生物天然气产业化发展的指导意见[R]，2019.

[6] IRENA Renewable Energy Insights. https://www.irena.org/

[7] Michael Støckler，Bodil Harder，Daniel Berman，等，沼气生产：沼气行业先驱-丹麦的经验与案例[R]. 丹麦：Food& Bio Cluster，2020.

[8] 李颖诗. 2019年中国生物天然气行业发展现状分析[R]. 前瞻产业研究院，2019.

[9] Chisholm G , Cronin L . Hydrogen From Water Electrolysis[M]. 2016.

[10] Osa B , Ag A , Is B , et al. Future cost and performance of water electrolysis: An expert elicitation study[J]. International Journal of Hydrogen Energy, 2017, 42(52):30470-30492.

[11] Sonal Patel. A Review of Global Power-to-Gas Projects To Date, News by POWER,2019.

[12] Fu Q , Mabilat R , Zahid R , et al. Syngas production via high-temperature steam/CO_2 co-electrolysis: an economic assessment[J]. Energy & Environmental Science, 2010, 3(10):1382-1397.

[13] 徐博.2020 年冬季以来天然气供需紧张形势逐渐好转[J].中国石化，2021，4(01):41-43.

[14] 中国能源大数据报告（2020）[R]，中电传媒能源情报研究中心，2020.

[15] 中国沼气工程产业发展研究报告[R]. 中丹可再生能源发展项目，2011.

[16] 贺朝晖. 储能：踏上未来电力系统主角之路[R]，2021.

第2章

生物质厌氧消化产沼气技术研究

2.1
生物质厌氧消化概述

2.1.1 生物质资源概况

生物质是指通过光合作用而形成的各种有机体,本质上是将太阳能转化为化学能的储能介质。以菜籽油、棕榈油等能源植物为典型的生物质,目前在工业规模应用上较为成熟,主要通过生物柴油作为最终产品,在东南亚、欧洲等地区应用广泛,由于我国原料成本和政策等原因生物柴油广泛应用困难。秸秆类生物质存量大,是第二代生物质能源,通常将其转化为生物乙醇和汽柴油;我国农业生产较为分散,集中处理秸秆类生物质存在较大的运输困难。藻类光合作用效率高、耕地占用率低、可以联产高质化学品,被认为是第三代生物质能源,但目前存在规模化程度低、脱水分离能耗高等缺点。以餐厨垃圾为典型的有机固废,是具有潜力的生物质能源,通过垃圾回收系统非常容易实现规模化应用,通过厌氧发酵技术将其转化为沼气是一种有效的有机固废能源化利用方式。

在全球范围内,预计2005~2025年城市餐厨垃圾的产生量将增加44%。在亚洲国家,据估计,在2025年以前,餐厨垃圾产生量从27.8亿吨将猛增至41.6亿吨。特别是在中国,随着工业化和城市化进程的加快,餐厨垃圾的增长率已超过10%。中国2013~2017年餐厨垃圾年产生量规模趋势如图2-1所示,其中,2017年的餐厨垃圾生产量已逼近1亿吨,且仍有增加的趋势。目前,餐厨垃圾的处理已成为世界各国普遍关注和亟待解决的问题。

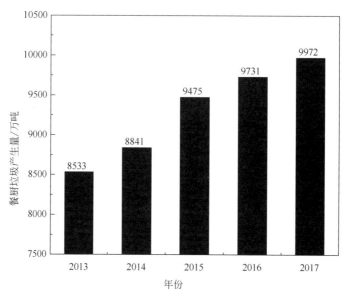

图 2-1　2013～2017 年中国餐厨垃圾产生量规模趋势

2.1.2　厌氧消化代谢过程

2.1.2.1　厌氧消化过程的三个阶段

目前，一般认为厌氧消化过程包括水解发酵、产氢产乙酸和产甲烷三个阶段（如图 2-2 所示）[1]。

（1）水解发酵阶段

水解发酵阶段是将大分子有机物转化为小分子化合物的过程。难降解有机废水的处理，如纤维素废水，其水解过程通常较为缓慢，被认为是厌氧消化的限速阶段。影响该阶段的因素主要包括：水解温度、停留时间、有机质的颗粒、氨的含量和水解产物的含量（如挥发性脂肪酸）。

（2）产氢产乙酸阶段

产氢产乙酸阶段是在产氢产乙酸菌的作用下将发酵阶段的产物转化为乙酸、氢气和二氧化碳的过程。在该阶段中，有少量的产氢产乙酸菌可以利用 H_2+CO_2 或甲醇作为底物形成乙酸，此类细菌被称为同型产乙酸细菌[2]。

（3）产甲烷阶段

产甲烷阶段是产乙酸阶段的产物在严格的专性产甲烷菌的作用下转化为甲烷和二氧化碳的过程。该阶段中产甲烷菌的世代周期长，代谢速率一般较慢。对溶解性有机物的厌氧消化过程来说，产甲烷阶段是整个厌氧消化过程中的限速阶段。在厌氧反应器中，大约70%的甲烷由乙酸歧化菌产生。在该反应中，乙酸中的羧基从乙酸分子中分离，甲基最终转化为甲烷，羧基转化为二氧化碳。在中性溶液中，二氧化碳以碳酸氢盐的形式存在。厨余垃圾厌氧消化示意如图2-2所示。

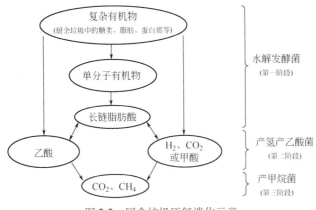

图 2-2 厨余垃圾厌氧消化示意

2.1.2.2 厌氧消化过程中的微生物类群

参与厌氧消化过程中的微生物类群包括水解发酵菌群、产氢产乙酸菌群、同型产乙酸菌群、产甲烷菌群等，有机物在它们依次降解和转化作用下，最终转化为 CO_2、H_2O 和 CH_4[3]。

（1）水解发酵菌

在厌氧消化过程中，水解发酵菌可以将大分子有机物水解成小分子有机物，并且能够将水解产物吸收进细胞内，然后经过细胞内的酶系统催化转化为代谢产物排出细胞外。经过水解发酵菌群转化的代谢产物主要包括脂肪酸和醇类等。

（2）产氢产乙酸菌

产氢产乙酸菌在厌氧消化过程中，起到了承上启下的重要作用。其主要功能是在厌氧条件下将水解发酵菌群代谢产生的脂肪酸转化为乙酸和 H_2。产氢产乙酸菌多数是发酵细菌，也有部分专性产氢产乙酸菌。

产氢产乙酸过程受氢分压的影响较大，只有在氢分压低至一定阈值才能自发进行，而氢分压一旦超过限度，产氢产乙酸作用则受到抑制，会造成丙酸的积累。因此，产氢产乙酸菌通常与耗氢的微生物（同型产乙酸菌和产甲烷菌）互营共生，不能单独存在。

（3）同型产乙酸菌

同型产乙酸菌是一种严格厌氧的微生物，它以 H_2 和 CO_2 作为唯一的能量来源。之后 H_2 作为电子供体将 CO_2 还原为乙酸。乙酸中的甲基是通过中间产物甲酸、还原性 CO 与辅酶四叶氢叶酸的作用将 CO_2 还原产生，羧基来自还原性 CO 的转化过程。同型产乙酸菌是一类多功能厌氧菌，可将一系列不同的基质转化为乙酸作为主要终产物。

(4) 产甲烷菌

产甲烷菌是一种专性厌氧古菌，在厌氧消化过程中起着非常重要的作用。它们是唯一能够有效利用 H_2 被还原时的电子，在无 NO_3^-、SO_4^{2-} 等外援电子受体条件下，厌氧避光条件下将 CO_2 还原为 CH_4 的微生物[4]。但是产甲烷菌生长缓慢，世代周期长，且对环境非常敏感，从而造成了厌氧消化的局限性。

2.1.3 厌氧消化过程的影响因素

厌氧消化过程中的微生物类群可粗略分为产酸细菌和产甲烷菌。相对于产酸细菌而言，产甲烷菌对生长环境要求更为苛刻，且世代周期更长。所以在厌氧消化过程中，产甲烷菌决定了消化过程的成败和消化效率的高低。因此，在考察厌氧消化过程的影响因素时，大多以产甲烷菌的生理、生态特征为主。

(1) 温度

温度在微生物的生命活动过程中起着非常重要的作用。根据温度范围的不同，产甲烷菌分为三大类群：低温菌群 (20～25 ℃)、中温菌群 (30～45 ℃) 和高温类群 (45～75 ℃) [12]。因此，厌氧消化分为低温消化、中温消化和高温消化三种[5]。

低温消化：是在自然气温或水温下进行的厌氧消化，适宜温度范围为 10～30 ℃。

中温消化：最适温度在 35～38 ℃。当温度低于 32 ℃或是高于 40 ℃时，厌氧消化效率会明显下降。

高温消化：最适温度在 50～55 ℃。

温度的高低决定了厌氧消化过程的快慢，在一定温度范围内，随着温度的升高，有机物的去除率明显提高。通常温度每升高 10 ℃，反应速率增加 2～4 倍。在实际过程中选择厌氧消化温度时，还需要考虑处理效率和能源消耗两个方面。低温消化效率太低，高温消化能耗太大，且操作管理复杂，所以目前工业上一般采用中温消化处理。

(2) 酸碱度

产酸细菌和产甲烷菌最适宜的 pH 值范围不同[1]。产酸细菌的最适 pH 值范围为 4.5～8.0，且对 pH 值的变化不太敏感，有的甚至可以在 pH 值为 5.0 以下的环境中生长繁殖。而产甲烷菌最适的 pH 值范围在 6.8～7.2。

(3) 氧化还原电位

产甲烷菌对氧极其敏感，这是因为它体内存在易被氧化剂破坏的化学物质 (如辅酶 F_{420})。一旦被氧化容易使酶失去活性。因此，厌氧环境是产甲烷细菌繁殖的最基本条件之一。另外，如果菌体本身缺少抗氧化的酶系，如超氧化物歧化酶和过氧化物酶，就会使产甲烷菌在遇到强氧化态物质时遭到破坏。

氧化还原电位（ORP）是用来反映厌氧消化过程中氧浓度的参数。可用 Nernst 方程表示氧化还原电位与氧化态物质浓度之间的关系。总氧化态物质浓度与还原态物质浓度的比值越小，氧化还原电位的值就越低，越适合厌氧微生物的生长。

厌氧消化过程中对溶解氧浓度的要求十分严格。一般情况下，溶解氧浓度的改变是引起氧化还原电位变化最主要和最直接的原因，但它并不是改变氧化还原电位的唯一因素。一些氧化剂和氧化态物质的存在，同样可以改变厌氧消化过程中的氧化还原电位，甚至会抑制整个厌氧消化过程，因此，氧化还原电位比溶解氧浓度更能全面地反映消化液所处的厌氧状态。此外，pH 值的大小对氧化还原电位的影响也十分显著。pH 值下降，氧化还原电位会升高；pH 值升高，氧化还原电位会降低，另外，体系中总氮浓度的高低也会对氧化还原电位造成影响。

（4）有机负荷

有机负荷是用来反映生物处理系统中食料与微生物量之间的平衡关系，它有三种表示方法：有机负荷率、污泥负荷率和投配率。有机负荷率又称容积负荷率，是指消化反应器单位有效容积每天接纳的有机物量，单位为 $kgCOD/(m^3 \cdot d)$ 或 $kgBOD_5/(m^3 \cdot d)$。

污泥负荷率是指反应器内单位质量的污泥在单位时间内接纳的有机物量，单位为 $kgBOD_5/(kg\ MLSS \cdot d)$、$kgBOD_5/(MLVSS \cdot d)$ 或者 $kgCOD/(kg\ MLSS \cdot d)$、$kgCOD/(kg\ MLVSS \cdot d)$。

投配率是指每天向反应器内单位有效容积投加的新料的体积，单位为 $m^3/(m^3 \cdot d)$。有机负荷过高或过低都会直接影响厌氧消化的产气量和处理效率。

（5）厌氧活性污泥

厌氧活性污泥主要由厌氧微生物及其代谢和吸附的有机物、无机物所组成，其浓度和性状直接影响厌氧消化反应器的消化效率。

实际情况中，因为很难准确测定活性污泥的生物量，因此通常以悬浮固体（SS）或挥发性悬浮固体（VSS）来间接表示。当污泥中的非挥发性组分和挥发性组分存在固定的比例关系时，通常以悬浮固体（SS）来表示；当比较几种污泥的活性功能时，则采用挥发性悬浮固体（VSS）。

性状良好的活性污泥能够促进厌氧消化反应器的高效运转。污泥的性状主要由作用效能和沉淀性能来表征，作用效能由污泥中活性微生物比例、微生物对底物的适应性以及产甲烷菌与不产甲烷菌在数量上是否相适应所决定。沉淀性能是指污泥混合液在静止状态下的沉降速度，以 SVI 来衡量，当 SVI 保持在 15～20 mL/g 时，污泥的沉淀性能良好。

在一定范围内，活性污泥浓度越大，厌氧消化效率越高，当浓度达到一定程度后，消化效率不再显著提高。这与污泥积累时间过长，其中的无机成分比例增大，污泥活性降低有关；也与过高的污泥浓度造成装置的堵塞有关。

（6）营养物质与微量元素

微生物在生长繁殖过程中通常按照一定比例摄取碳、氮、磷以及其他微量元素。

工程上主要控制进料的碳、氮、磷比。通常，处理含天然有机物的废水时无需调节营养物比例，而在处理化工废水时，需要特别注意对进料中的碳、氮、磷比例进行调节。大量试验表明，在厌氧处理工艺中，碳、氮、磷的比例控制在 (200～300)∶5∶1 为宜，其中碳以 COD 计算，氮、磷以元素含量计算。

大多数的厌氧微生物不具备合成某些维生素或氨基酸的功能，为保证厌氧菌的增值，在消化系统中需额外补充某些专门的营养。如钾、钠、钙等金属盐是形成细胞或非细胞金属配合物所必需的；镍、铝、钴、钼等微量元素可提高产甲烷菌酶系统的活性，增加产气量。

（7）有毒物质

有毒物质主要来源于进水或厌氧菌的代谢产物。包括有毒有机物、重金属离子和一些阴离子，对厌氧消化过程中的微生物十分有害，从而抑制整个消化过程。

（8）混合和搅拌

搅拌可缩短消化反应时间，并在一定程度上提高产气量。通过搅拌可消除反应器内活性污泥和各种物质的浓度梯度，增加进料与微生物之间的接触，避免出现分层现象。

2.1.4　厌氧消化工艺发展

厌氧消化工艺经历了一个较为漫长的发展过程，其发展过程大致经历了三个阶段[6,7]。

第一阶段（1860～1899 年）：该阶段主要处理污水、污泥，以简单的沉淀与厌氧发酵合池并行的反应器（化粪池）为主。第一座厌氧消化池于 1896 年在英国建成，这一消化池不仅可以处理生活污水，产生的沼气还可以用于照明。这一阶段采用的运行模式是污泥与废水完全混合，其污泥停留时间（SRT）和水力停留时间（HRT）是一样的。因此，反应器内的固体停留时间较短，从而导致微生物浓度较低，污水的处理效果和耐冲击能力较差。但化粪池至今仍在无排水管网的地区以及某些大型居住或公用建筑中发挥作用。

第二阶段（1899～1906 年）：该阶段反应器主要是对第一阶段反应器的改进。这一阶段的工艺特点是实现了厌氧发酵与废水沉淀的相互独立。在处理构筑物中，通过把污水沉淀过程和污泥发酵过程用横向隔板分开，实现了所谓的双层沉淀池。典型的代表工艺有厌氧滤池（AF）、厌氧流化床（AFB）、升流式厌氧污泥床（UASB）等。

第三阶段（1906～2001 年），该阶段设计的厌氧消化反应器将厌氧发酵室独立出来，因而克服了第二阶段反应器容易堵塞的问题。实现了污泥停留时间和水力停留时间的分离，其特殊的结构也让废水与反应器中的活性污泥充分接触，而且耐冲击负荷高、运行稳定。主要处理设施有厌氧膨胀颗粒污泥床（EGSB）、厌氧内循环反应器（IC）等。

为了提高餐厨垃圾等废弃物厌氧消化产甲烷的效率和稳定性，研究人员提出了诸多解决方法，如对原料进行预处理、多种底物联合消化、两相消化、使用某些添加材料（如生物炭）、添加微量元素等[17]。其中，使用添加材料和添加微量元素具有操作简单、效果显著等优点，是目前用于改善厌氧消化的较为普遍的方法。

（1）添加生物炭

生物炭是生物质在缺氧或绝氧条件下不完全燃烧所生成的固态炭质，具有较大的比表面积和孔隙度、较强的稳定性、丰富的官能团和优良的导电性等特点[8]。最近许多研究表明，生物炭可以通过促进种间直接电子传递（DIET）改善厌氧消化。DIET是具有胞外电子传递功能的微生物（如 Geobacter 等）将电子通过导电菌毛（e-pili）的电子传递能力直接传递给产甲烷菌，产甲烷菌接受电子并还原 CO_2 的过程。一些导体材料可能通过提高电子传导能力而建立微生物之间的直接种间电子转移，然而导体材料的环境风险以及如何将其从厌氧消化体系分离又引发了新的环境和成本问题。相比之下，生物炭具有优良的导电性、较低的环境风险以及无需分离即可用作土壤改良剂等优点，是促进 DIET 的较好选择。Chen 等[9]发现生物炭促进了地杆菌和产甲烷八叠球菌之间的种间直接电子传递，从而提高了体系的甲烷产量。除了可以促进 DIET 过程，研究发现，生物炭可以通过许多其他途径促进厌氧消化。Xu 等人[10]认为生物炭丰富的孔结构和巨大的表面积为厌氧消化过程中的微生物提供了良好的栖息场所。Mumme 等人[11]研究了生物炭在厌氧消化过程中的行为，表示生物炭具有通过缓和轻度氨抑制和支持古菌生长来改善厌氧消化的能力。吕凡等人[12]研究发现，生物炭可以缓解厌氧消化过程中酸和氨的双重抑制，并提高体系稳定性。Shen 等人[13]认为，可能是生物炭的碱性使 CO_2 和 H_2S 与灰分中的碱性物质反应从而增加 CH_4 含量。此外，生物炭的原料来源广泛，园林垃圾等废弃生物质是常见的生物炭原材料。故生物炭的应用也为园林垃圾等废弃生物质的资源化提供了新思路。因此，生物炭被认为是一种成本低、来源广、环境风险小的厌氧消化添加剂。

然而，尽管进行了上述试验，但将生物炭应用于厌氧消化过程的研究仍然不常见，人们关于生物炭对厌氧消化的促进机理尚不明确。从生物炭的表征（如 pH 值、表面官能团、表面元素等）解释其对厌氧消化影响的研究更是少之又少。然而，生物炭的表征对理解其物理/化学性质以及探究其对厌氧消化的作用机理有着重要意义。

（2）添加微量元素

微量元素是指在有机体中存在量很少但在有机体的生命活动中起重要作用的元素。微量元素不仅参与合成厌氧微生物，还常常作为辅酶、辅基等成分出现在厌氧微生物的酶系统中，并且对厌氧消化产甲烷阶段起着重要调控作用[14]。研究发现，在产甲烷菌细胞中，含量最高的三种元素及其含量顺序为 Fe > Ni > Co。且只有当前一种微量元素足够时，后面的元素才能激活产甲烷菌的生长。此外，由于具有微生物需求高、效果显著和来源广等优势，铁元素常用于稳定厌氧消化过程和提高甲烷产率。铁元素在厌氧发酵微生物中的主要功能如表 2-1 所示[15]。大量研究表明，加入适量的铁元素能够提高厌氧消化效率。Feng 等[16]的研究表明，添加 Fe（零价）使甲烷产量提高了 43.5%，有机物去除率增加了 12.2%，水解酸化过程中主要酶的活性提高了 60%～110%。有研究认为，铁元素的添加能显著提高消化系统的稳定性和产甲烷效率，主要是因为铁元素的补充提高了厌氧微生物及其主要酶的活性，促进了 VFA 的产生以及提高了产甲烷菌对乙酸的利用率。同时铁元素能够通过还原并沉淀体系中的硫离子而消除硫化物对产甲烷菌的抑制作用。故认为添加合适剂量的铁元素能够促进厌氧消化过程的稳定运行。

表 2-1　铁元素在厌氧消化微生物中的功能

酶	微生物	元素功能
CO 脱氢酶	产甲烷菌/产乙酸菌	① Fe 在合成产甲烷菌组织的金属元素中含量最高；
乙酰辅酶 A 合成酶	热醋穆尔氏菌	② 能够合成和激活多种酶的活性；
氢化酶	脱硫弧菌属，大肠杆菌	③ 能够形成硫化物沉淀；
NO-还原酶	假单胞反硝化细菌	④ 刺激胞外聚合物的分泌
亚硝酸盐还原酶	施氏假单胞菌	
硝酸盐还原酶	脱氮假单胞菌	
固氮酶		
甲烷单加氧酶		
超氧化物歧化酶	产甲烷菌	

（3）生物炭负载铁

生物炭改性是指在生物炭的制备过程中通过对其表面进行修饰或者用化学试剂处理，使生物炭的吸附性等性能得到改善的方法[17]。目前，使用某些溶液（如金属离子）对原材料或热解产物进行浸渍是常见的生物炭改性方式。研究表明，改性生物炭的表面理化性质发生了改变，如官能团的数目和种类增加以及生物炭的表面积扩大等，从而显著提高生物炭的吸附性能。如前所述，微量元素铁在厌氧消化中起着重要作用，补充适量的铁元素可以改善厌氧消化过程。目前有较多铁改性生物炭的研究：潘经健[18]等发现，$Fe(NO_3)_3$ 改性的生物炭对 $Cr(VI)$ 的去除率提高了 79%；董双快[19]等发现，负载铁生物炭具有更强的吸附固定砷的能力。尽管如此，目前负载铁生物炭常常用于吸附水体/土壤中的重金属等污染物，而罕见其用于改善厌氧消化过程。

2.2
厌氧消化中微生物的工作原理

2.2.1　厌氧消化体系的微生物群落

（1）DNA 提取

对同一负荷[4 g-VTS/(L·d)]下不同温度的厌氧消化液进行取样分析，取样时间为

第 44 天、第 48 天、第 58 天、第 65 天和第 71 天（见图 2-3），样品依次编号为 53-1、
53-2、60-1、60-2、60-3。取样时系统的运行参数结果见表 2-2。分别对上述样品进行
DNA 的提取，并测定总 DNA 的浓度、纯度和片段大小等特性，结果如表 2-3 和图 2-4
所示。

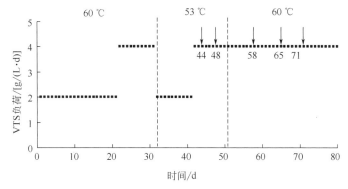

图 2-3　VTS 负荷随运行时间的变化情况（箭头表示群落分析样品采集）

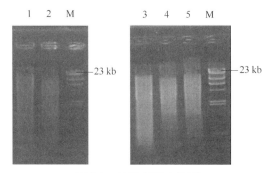

图 2-4　DNA 提取电泳图

1 表示 53-1；2 表示 53-2；3 表示 60-1；4 表示 60-2；5 表示 60-3；M 表示 marker λ-HindIIIdgest

图 2-4 显示，所有样品均成功提取到了基因组 DNA，而且样品 DNA 的浓度均较
高（表 2-3），分别为 247.5 ng/μL、329.0 ng/μL、344.3 ng/μL、265.4 ng/μL、250.7 ng/μL。
$A_{260/280}$ 的比值都接近 1.8，表明五个样品 DNA 的纯度较高，但 $A_{260/230}$ 的比值很低，可
能是因为样品中残留的碳水化合物和多肽等物质较多。上述结果表明，获得的 DNA
满足群落分析的要求。

表 2-2　取样时系统的运行参数

VTS 负荷 /[g/(L·d)]	温度/ ℃	样品 名称	产气率 /(mL/g)	TOC /(mg/L)	乳酸 /(mg/L)	乙酸 /(mg/L)	丙酸 /(mg/L)	铵离子 /(mg/L)
4	53	53-1	762.0	1363.5	2.6	124.2	181.6	266.5
		53-2	909.6	1459.0	2.2	95.4	142.2	327.1
	60	60-1	890.9	3180.5	2.4	614.9	834.8	579.7

VTS 负荷 /[g/(L·d)]	温度/℃	样品名称	产气率 /(mL/g)	TOC /(mg/L)	乳酸 /(mg/L)	乙酸 /(mg/L)	丙酸 /(mg/L)	铵离子 /(mg/L)
4	60	60-2	833.7	4553.0	1.1	1367.4	1437.1	483.3
		60-3	844.2	4932.9	0.9	1589.0	1884.8	753.8

表 2-3　DNA 提取结果

温度/℃	样品名称	DNA 浓度/(ng/μL)	$A_{260/280}$	$A_{260/230}$
53	53-1	247.5	1.69	0.52
	53-2	329.0	1.77	0.88
60	60-1	344.3	1.69	0.51
	60-2	265.4	1.79	0.54
	60-3	250.7	1.75	0.31

(2) T-RFLP 结果

细菌的 16S rRNA 基因的 PCR 扩增结果如图 2-5 所示。由电泳图可知，五个样品均扩增到单一的 16S rDNA 基因片段，片段大小约为 1500 bp。

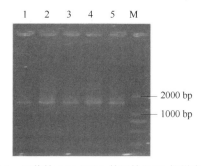

图 2-5　细菌的 16S rRNA 基因的 PCR 扩增电泳图

1 表示 53-1；2 表示 53-2；3 表示 60-1；4 表示 60-2；5 表示 60-3；M 表示 Marker DL2000

利用 T-RFLP 跟踪了第二阶段（53 ℃，第 44、48 天）和第三阶段（60 ℃，第 58、65 和 71 天）发酵过程中细菌群落结构的变化，结果如图 2-6 所示。从聚类结果可以看出，53-1、53-2 和 60-1 相对更接近，但 60-1 处于外分支。60-2 和 60-3 比较接近。该结果表明，温度升高到 60 ℃后，细菌群落逐渐发生变化，与 53 ℃时的细菌群落有较大不同，在 58 天后细菌群落趋于稳定。因此，选择 53-2 和 60-2 作为进行后续的 16S rRNA 基因克隆文库分析。

(3) 16S rRNA 基因克隆文库分析

细菌的 16S rRNA 基因的 PCR 扩增结果如图 2-7 所示，由电泳图可知，两个样品均扩增到单一条带，片段大小为 1500 bp。古菌的 16S rRNA 基因的 PCR 扩增结果如图 2-8 所示，扩增所产生的 DNA 片段也为单一条带，片段大小为 900 bp。

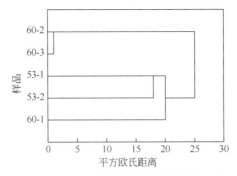

图 2-6　基于细菌 T-RFLP 结果的聚类分析

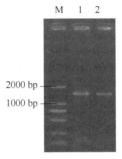

图 2-7　细菌的 16S rRNA 基因的 PCR 扩增电泳图

M 表示 Marker DL2000；1 表示 53-2；2 表示 60-2

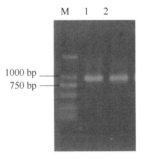

图 2-8　古菌的 16S rRNA 基因的 PCR 扩增电泳图

M 表示 Marker DL2000；1 表示 53-2；2 表示 60-2

通过蓝-白斑筛选获取阳性克隆，用 T 载体通用引物 M13-47 和 RV-M 对阳性克隆进行 PCR 验证。细菌和古菌的电泳检测结果如图 2-9 和图 2-10 所示（由于克隆数较多，只列出部分图谱），扩增出来的细菌和古菌 16S rRNA 基因片段的大小分别为 1600 bp 和 1000 bp，排除插入片段大小不正确的克隆，进行下一步酶切归类。

不同序列类型的酶切图谱不同，酶切后得到的片段的数量和大小也有差异，从而可将不同基因型的克隆区分开来。通常使用四碱基的限制性内切酶，如 *Afa* I 、*Msp* I 、*Hae*III、*Hinf* I 等，使用的限制性内切酶种类越多，结合分析后得到的酶切图谱类型就越多，最后的结果也就更可靠，但是由于工作量大，通常使用两种或者三种限制性内切酶就比较可靠了。本实验细菌和古菌酶切归类使用的是 *Afa* I 和 *Msp* I 。

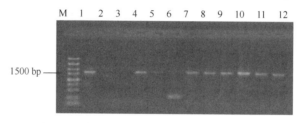

图 2-9 细菌的 16S rRNA 基因的 PCR 扩增电泳图

M 表示 Marker DL5000，1～12 表示克隆个数

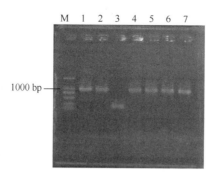

图 2-10 古菌的 16S rRNA 基因的 PCR 扩增电泳图

M 表示 Marker DL2000，1～7 表示克隆个数

样品 53-2 和 60-2 的细菌 16S rRNA 基因克隆文库的酶切结果如图 2-11 和图 2-12 所示。根据酶切条带位置和片段大小的情况，把位置和片段大小相同归为一类，样品 53-2 酶切过后大致分为 49 类，样品 60-2 分为 36 类。

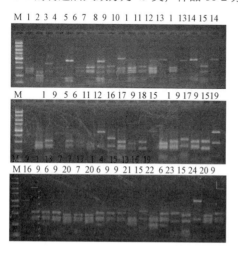

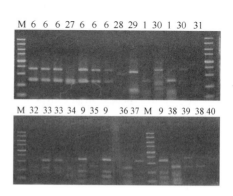

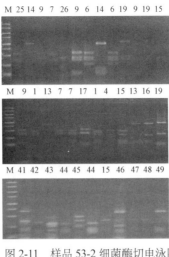

图 2-11　样品 53-2 细菌酶切电泳图

M 表示 Marker DL5000，1～49 表示分类号

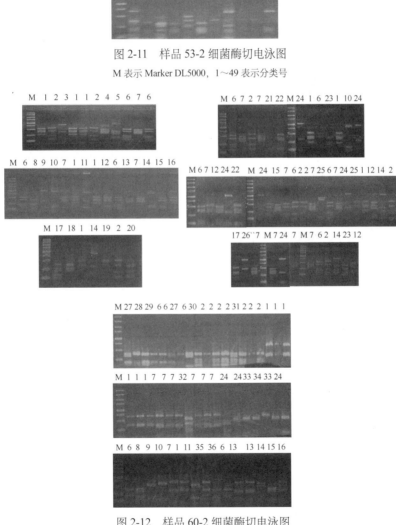

图 2-12　样品 60-2 细菌酶切电泳图

M 表示 Marker DL5000，1～36 表示分类号

样品 53-2 和 60-2 的古菌 16S rRNA 基因克隆文库的酶切结果如图 2-13 和图 2-14
所示。根据酶切条带位置和片段大小的情况，把位置和片段大小相同归为一类，样品
53-2 的克隆子酶切过后大致分为 5 类，样品 60-2 分为 4 类。

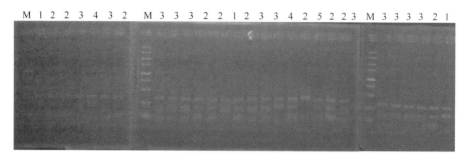

图 2-13　样品 53-2 古菌酶切电泳图

M 表示 Marker DL5000，1～5 表示分类号

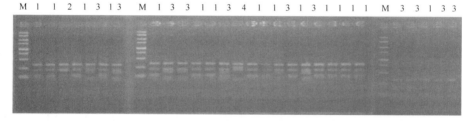

图 2-14　样品 60-2 古菌酶切电泳图

M 表示 Marker DL5000，1～4 表示分类号

对 48 天（53-2）和 65 天（60-2）反应器中细菌和古菌群落进行了克隆文库分析。
53-2 和 60-2 两个样品的细菌文库分别命名为 B-1 号库和 B-2 号库，古菌文库分别命
名为 A-1 号库和 A-2 号库。细菌的两个文库分别获得 50 条和 49 条有效序列。古菌的
两个文库分别获得 5 条和 4 条有效序列。

① 古菌 16S rRNA 基因克隆文库分析　如表 2-4 所示，两个古菌文库的多样性均
较低，都只检测到 2 个 OUT（分类单元）。A-1 和 A-2 中有 1 个 OTU 和乙酸营养型高
温产甲烷菌 *Methanosarcina thermophila*（嗜热甲烷八叠球菌）具有 99% 的相似性，分
别 占 文 库 的 21% 和 7% 左 右 ； 另 一 个 OTU 和 氢 营 养 型 高 温 产 甲 烷 菌
Methanothermobacter crinale（甲烷热杆菌）具有 99% 的相似性，分别占文库的 79% 和
93% 左右。上述两种产甲烷菌在高温厌氧消化反应器中常被检测到[20]。

② 细菌 16S rRNA 基因克隆文库分析　表 2-5 为利用软件 Mothur 对 B-1 和 B-2
两个细菌文库的统计分析结果。B-1 号库中 OTU 为 16 个，文库覆盖率为 84%，Shannon
指数为 2.30，Simpson 指数为 0.13。B-2 号库中 OTU 为 19 个，文库覆盖率为 80%，
Shannon 指数为 2.62，Simpson 指数为 0.08。两个细菌文库的多样性差异不显著，B-2
文库的多样性稍高。

表 2-4　细菌和古菌落的克隆系统分类

分类群	53 ℃		60 ℃	
	OUT 数	克隆数	OUT 数	克隆数
细菌	B-1 文库		B-2 文库	
厚壁菌门	11	61	14	47
梭菌目	5	5	5	10
热厌氧菌目	2	28	6	27
杆菌目第十二科	1	20	—	—
乳杆菌目	3	8	3	10
互养菌门	1	4	1	4
candidate division OP9	1	4	1	18
拟杆菌门	1	1	3	4
浮霉菌门	1	1	—	—
网团菌门	1	2	—	—
古菌	A-1 文库		A-2 文库	
甲烷八叠球菌属	1	6	1	2
甲烷热杆菌属	1	22	1	26

表 2-5　B-1 和 B-2 克隆文库的统计分析

文库	克隆数	OTU 数	Chao	Ace	Shannon 指数	Simpson 指数	覆盖率 /%	Boneh
B-1	73	16	25.33	41.27	2.30	0.13	84	2.56
B-2	73	19	30.25	43.64	2.62	0.08	80	3.2

对两个细菌文库的 OTU 建立了系统发育树。B-1 号库 16 个 OTU 分为六个门，分别为厚壁菌门、互养菌门、拟杆菌门、浮霉菌门、网团菌门和 candidate division OP9。B-2 号库 19 个 OTU 分为四个门，分别为厚壁菌门、candidate division OP9、拟杆菌门和互养菌门。两个库中，厚壁菌门克隆数所占比例最大，是绝对的优势菌群（表 2-4）。

B-1 号库中，厚壁菌门有 11 个 OTU，61 个克隆，占总克隆数的 84%。11 个 OTU 分属于四个目，分别为梭菌目、热厌氧菌目、杆菌目第十二科和乳杆菌目。属于梭菌目的有 5 个 OTU，各 1 个克隆。OTU B-1-2 与产氢产酸菌 Clostridium clariflavum（NR_102987）相似性为 98%。OTU B-1-6 和 B-1-13 分别与 clone B35_F_B_F08（EF559074）和 clone 140_BE1_16（FJ825462）相似性均为 99%、与产酸菌 Clostridium sp. BS-1（FJ805840）相似性分别为 88% 和 90%。OTU B-1-14 与 clone CK29（GU320663）相似性为 99%，与能利用蛋白质和糖类发酵产酸的菌株 Clostridium sp.PML14（EF522948）相似性为 95%。OTU B-1-9 与 Bacillus sp. clone De247（HQ183761）相似性为 99%，与利用糖发酵产酸的菌株 Defluviitalea saccharophila（HQ020487）的相似性为 93%。

属于热厌氧菌目的 OTU 有 2 个。OTU B-1-4（25 个克隆，占厚壁菌门的 41%），与 Coprothermobacter proteolyticus（NR_029236）的相似性为 99%。Coprothermobacter *proteolyticus* 能发酵蛋白质和糖类产生有机酸、H_2 和 CO_2。Lee 等在处理厨余垃圾的高温厌氧消化槽中检测到此类菌株。OTU B-1-11（3 个克隆子）与高温乙酸氧化菌克隆 *Thermacetogenium* sp. clone De217（HQ183800）相似性为 99%，与 *Syntrophaceticus schinkii*（EU386162）相似性为 94%。*Syntrophaceticus schinkii* 是一种乙酸氧化菌，能够将乙醇、乙酸、乳酸等氧化成 H_2 和 CO_2。

OTU B-1-1（20 个克隆，占厚壁菌门的 33%）属于杆菌目第十二科，与能够发酵糖类产酸菌株 *Exiguobacterium aurantiacum*（NR_043478）相似性为 99%。OTU B-1-3、B-1-5 和 B-1-8 均属于乳杆菌目，分别为 5 个、1 个和 2 个克隆，分别与 *Vagococcus elongatus*（NR_041883）、*Lactobacillus sakei*（AB601167）、*Enterococcus gallinarum*（JF915769）相似性为 99%。上述三株相似菌株均能利用糖类物质发酵，产生大量乳酸和少量的乙酸、乙醇等物质。

互养菌门有 1 个 OTU、4 个克隆，与 *Anaerobaculum mobile*（NR_102954）相似性为 99%。该相似菌株能够发酵蛋白质和糖类产生有机酸、H_2 和 CO_2。*candidate division OP9* 有 1 个 OTU、4 个克隆，与 clone A35_D28_L_B_F07（EF559204）相似性为 99%。网团菌门有 1 个 OTU、2 个克隆，与木质纤维素降解菌 *Dictyoglomus thermophilum*（L39875）相似度为 99%。浮霉菌门和拟杆菌门在克隆文库中所占比例甚少，各有 1 个克隆。OTU B-1-12 与浮霉菌门 bacterium R1（KC867694）相似度为 98%，该相似菌株能够发酵糖类产生有机酸、H_2 和 CO_2。OTU B-1-10 与 clone CFB-3（AB274492）相似性为 95%，与产酸菌 *Caldicoprobacter algeriensis*（GU216701）相似性为 93%。

可以看出，B-1 号文库中以各类利用糖类和蛋白质类物质发酵产酸菌为主，检测到有乙酸氧化菌存在，但比例相对较低。

在 B-2 号文库中，厚壁菌门有 14 个 OTU，共 47 个克隆，占总克隆数的 64%。OTU 分属于 3 个目，分别为热厌氧菌目、梭菌目和乳杆菌目。属于热厌氧菌目的 OTU 有 6 个。OTU B-2-13（8 个克隆）与 *Coprothermobacter proteolyticus*（NR_029236）相似性为 99%，OTU B-2-12（7 个克隆）与 *Thermacetogenium* sp. clone De217（HQ183800）相似性为 99%。OTU B-2-10（7 个克隆）与 clone B55_K_B_C04（DQ887963）相似性为 99%，与乙酸氧化菌 *Tepidanaerobacter acetatoxydans*（EU386163）相似性为 95%。OTU B-2-8（2 个克隆）与 clone 1-1B-30（JF417921）相似性为 99%，与热醋穆尔氏菌（AY884087）相似性为 89%，该相似菌株能够发酵糖类生成乙酸。OTU B-2-9（2 个克隆）与 *Thermoanaerobacteriaceae bacterium* clone De3174（HQ183807）相似性为 99%，与 *Thermoanaerobacter yonseiensis* 相似性为 86%。*Thermoanaerobacter yonseiensis* 能利用木糖等糖类物质产生有机酸。OTU B-2-18（1 个克隆）与 clone A55_D21_L_B_F04（EF559053）相似性为 99%，与乙酸氧化菌 *Thermacetogenium phaeum* DSM 12270（NR_074723）相似性为 88%。

属于梭菌目有 5 个 OTU。OTU B-2-2（5 个克隆）和 B-2-7（1 个克隆）与 *Clostridium* sp. AAN14（AB436742.1）和 *Clostridium* sp. 75064（AF227826）相似性均为 97%。OTU

B-2-11（1个克隆）与 clone 1-1B-26（F417917）相似性为99%，与 *Symbiobacterium* sp.clone De33（HQ183803）的相似性为94%。OUT 2-14（2个克隆）与 clone 1-1B-14（JF417905）相似性为99%，与有机酸氧化菌 *Syntrophomonas sapovorans*（NR_028684）相似性为93%，该相似菌株能够降解长链脂肪酸。OTU B-2-16（1个克隆）与 clone CFB-9（AB274498）相似性为99%，与可降解蛋白质和糖类的菌株 *Caloranaerobacter* sp.H363（JQ405072）的相似性为86%。属于乳杆菌目的 OTU 有3个，分别与乳酸菌 *Lactobacillus sakei*（AB601167）、*Weissella cibaria*（DQ294961）、*Lactobacillus sanfranciscensis*（NR_075038）的相似性为99%。

拟杆菌门有3个 OTU，分别与 clone CFB-3（AB274492）、clone thermophilic_alkaline-108（GU455348）、clone CK8（GU320655）的相似性分别为99%、98%和98%，与 *Caldicoprobacter algeriensis*（GU216701）的相似性分别为92%、89%和89%。互养菌门有1个 OTU，和 B-1 文库的 OTU B-1-7 相同，与发酵菌 *Anaerobaculum mobile*（NR_102954）的相似性为99%。

可以看出，和 B-1 文库相比，B-2 文库中各类发酵菌的种类和数量明显下降，而有机酸氧化降解菌特别是乙酸氧化菌的种类和数量明显上升。

结合反应器的运行情况和微生物群落分析结果可以看出，在53 ℃条件下[4 g-VTS/(L·d)]，厨余垃圾中的各种有机物被各类发酵菌利用产酸产氢，产生的小分子有机酸被进一步降解产生乙酸和氢，乙酸和氢分别在乙酸营养型产甲烷菌 *Methanosarcina thermophila* 和氢营养型产甲烷菌 *Methanothermobacter crinale* 的作用下最终生成甲烷和二氧化碳。由于产甲烷途径通畅，反应器中基本没有有机酸的积累，有机酸一旦产生很快被分解消耗，因此反应器中有机酸氧化菌的比例相对比较低，而大量被检测到的是水解发酵菌群。在同一 VTS 负荷条件下，将温度从53 ℃升高至60 ℃以后，利用乙酸产甲烷的产甲烷菌 *Methanosarcina thermophila* 比例明显下降，将乙酸直接甲烷化的产甲烷途径受阻，造成乙酸积累。一般认为甲烷发酵过程中有70%的甲烷是通过乙酸营养性产甲烷菌产生的。丙酸的降解产物乙酸的积累必然导致丙酸在反应器中的积累。60 ℃条件下乙酸氧化菌的比例显著升高，表明乙酸的消耗主要是通过乙酸氧化途径进行，也就是说是乙酸氧化菌和氢营养型的产甲烷菌 *Methanothermobacter crinale* 的协同作用将乙酸转化成甲烷。由于乙酸氧化菌的代谢速率比较慢，因此在60 ℃条件下产甲烷速率比较低，很难获得高的处理负荷。

综合上述分析，在53 ℃条件下，细菌群落以发酵产酸菌群为主，检测到有乙酸氧化菌存在，但比例相对较低；产甲烷菌中乙酸营养型产甲烷菌和氢营养型产甲烷菌共存。60 ℃条件下，细菌群落中以各类发酵菌和有机酸氧化菌为主，但发酵菌的种类和数量明显下降，乙酸氧化菌的种类和数量明显上升；氢营养型产甲烷菌是主要的产甲烷菌。

从 T-RFLP 聚类分析结果可以看出，53-1、53-2 和 60-1 相对更接近，但 60-1 处于外分支。60-2 和 60-3 比较接近。该结果表明，温度升高到60 ℃后，细菌群落逐渐发生变化，与 53 ℃时的细菌群落有较大不同，在 58 天后细菌群落趋于稳定。

从 16S rRNA 克隆文库统计分析结果来看，两个文库细菌和古菌的多样性差异不明显，两个文库的绝对优势种都是厚壁菌门，但从细菌的比例上来看，两个文库的差异十分显著。在 53 ℃条件下，发酵产酸菌 *Coprothermobacter proteolyticus* 和 *Exiguobacterium aurantiacum* 菌株所占比例较大，分别为 34%和 27%。乙酸营养型产甲烷菌 *Methanosarcina thermophila* 和氢营养型高温产甲烷菌 *Methanothermobacter crinale* 比例分别为 21%和 79%，当温度升高到 60 ℃后，所占比例较大的发酵产酸菌 *Coprothermobacter proteolyticus* 和 *Thermacetogenium* sp 菌株占总克隆数的 11%和 9.6%。乙酸营养型产甲烷菌 *Methanosarcina thermophila* 和氢营养型高温产甲烷菌 *Methanothermobacter crinale* 比例分别为 7%和 93%。分析结果表明在 53 ℃条件下，发酵产酸菌为优势细菌，乙酸营养型产甲烷菌比例较高；当温度升高到 60 ℃后，各类发酵菌，如有机酸氧化菌和氢营养型产甲烷菌逐渐成为优势菌种。综合工艺参数及群落分析结果推断：运行温度升高导致厌氧处理能力下降的主要原因可能是乙酸营养型产甲烷菌比例的下降，乙酸的消耗需要通过乙酸氧化菌和氢营养型的产甲烷菌的协同作用，产甲烷速率降低，从而导致处理能力下降。

2.2.2　厌氧消化微生物代谢的影响因素

在 53 ℃条件下，以 2 g/(L·d)的 VTS 负荷启动厌氧消化反应器，消化液的 pH 值、TOC、VFA、NH_4^+ 浓度和产气率随时间的变化如图 2-15 所示。由图可知：处理系统在 14 d 后达到较好的启动效果；反应器运行稳定，pH 值维持在 7.7～7.8 范围内，TOC 和有机酸浓度均在 1500 mg/L 左右，产气率约为 890 mL/g-VTS。随着时间的延长，NH_4^+ 浓度逐渐增加，但增加幅度不大，低于 350 mg/L。提高 VTS 负荷到 4 g/(L·d)，运行一段时间后，系统处理效果较好，pH 值稳定在 7.9，TOC 浓度呈逐渐下降的趋势，有机酸的积累较小，产气率约为 920 mL/g-VTS，NH_4^+ 浓度稳定在 350 mg/L。继续提高 VTS 负荷到 6 g/(L·d)，稳定后系统的 pH 值在 8.0 左右，TOC 浓度约为 1600 mg/L，有机酸浓度低于 1000 mg/L，产气率约为 960 mL/g-VTS。当 VTS 负荷提高到 8 g/(L·d)，TOC 浓度迅速增加，有机酸开始大量的积累，产气率急剧下降，系统恶化，即使逐步降低有机负荷，系统仍然难以恢复到稳定状况。

以 2 g/(L·d)的 VTS 负荷启动反应器，处理系统共运行了 80 天，可分为三个阶段：第一个阶段（1～31 d）发酵温度控制在 60 ℃，在负荷 2 g-VTS/(L·d)和 4 g-VTS/(L·d)条件下运行；第二个阶段（32～50 d）温度控制在 53 ℃，在负荷 2 g-VTS/(L·d)和 4 g-VTS/(L·d)条件下运行；第三个阶段（51～80 d）温度控制在 60 ℃，在负荷 4 g-VTS/(L·d)条件下运行。消化液 pH 值、TOC、VFA、NH_4^+ 浓度和产气率随时间的变化如图 2-16 所示。

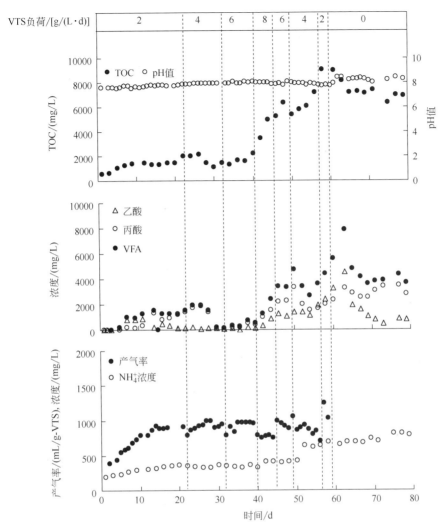

图 2-15　53 ℃条件下厨余垃圾高温厌氧消化处理过程中系统参数的变化

在 VTS 负荷为 2 g/(L·d)条件下反应器运行了 21 天，从第 9 天开始产气率、pH 值、TOC、VFA 和 NH$_4^+$ 浓度趋于稳定。此阶段 pH 值为 7.8～7.9，TOC 浓度为 1300～1500 mg/L，VFA 浓度低于 1600 mg/L，NH$_4^+$ 浓度低于 345 mg/L。产气率稳定在 900～950 mL/g VTS，是理论产气量的 80%左右（理论产气量由 C、H、O、N 元素分析结果计算得到）。将 VTS 负荷提高到 4 g/(L·d)后，产气率略有下降，在 860～890 mL/g VTS 之间波动，NH$_4^+$ 浓度没有太大的变化，pH 值维持在 7.7～7.8，TOC 浓度逐渐升高到 2900 mg/L，VFA 浓度逐渐增加到 3000 mg/L，以丙酸累积为主。

从第 32 天起，将温度降至 53 ℃，VTS 负荷降至 2 g/(L·d)。运行至第 40 天，TOC 降至 1000 mg/L 左右，基本没有有机酸的积累。继续提高 VTS 负荷至 4 g/(L·d)，TOC 和 VFA 未有明显积累，产气率维持在 900～920 mL/g VTS。

从第 50 天起，将处理温度提高至 60 ℃，VTS 负荷维持在 4 g/(L·d)。随着运行天数的增加，TOC 逐渐增加，在第 79 天时 TOC 达到 8700 mg/L 左右。同时，VFA 也逐渐积累，而且乙酸和丙酸浓度同步增加，在第 79 天时乙酸和丙酸分别达到 4230 mg/L 和 2860 mg/L。NH_4^+ 浓度也逐渐增至 867 mg/L。在第 79 天时，产气率降至 187 mL/g VTS。

从整个运行情况来看，发酵温度在 53 ℃时，厨余垃圾的处理效果比较稳定，在 VTS 负荷为 4 g/(L·d) 条件下能稳定运行。而在 60 ℃进行厌氧处理时，在 VTS 负荷为 4 g/(L·d) 条件下难以达到稳定处理，有机酸大量积累。整个处理过程消化液中的 NH_4^+ 浓度低于 900 mg/L，因此有机酸的积累不是来自由氨抑制而是处理温度。温度从 53 ℃升高至 60 ℃可能影响了产甲烷微生物群落，利用乙酸产甲烷的产甲烷菌数量或活性下降造成乙酸的累积，并进一步导致丙酸的累积，阻碍了丙酸氧化和产甲烷过程。

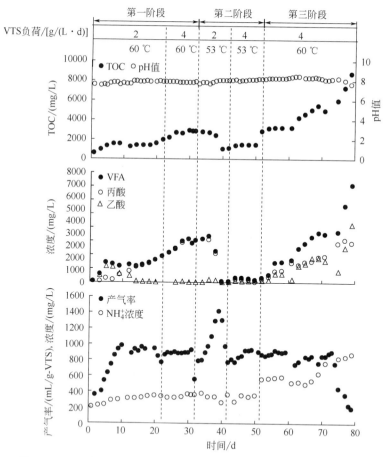

图 2-16　60 ℃条件下厨余垃圾高温厌氧消化处理过程中系统参数变化

2.3
厌氧消化产沼气的工艺过程

2.3.1 理化性质随负荷变化

厌氧消化系统一共运行了 88 天，整个实验过程，发酵温度控制在 53 ℃，反应器搅拌速率为 85 r/min，探讨了运行负荷对反应体系的影响。过程中对厌氧体系消化液的理化性质进行了检测，图 2-17 显示了在不同有机运行负荷条件下，高温厌氧消化过程中生物气体产率、甲烷与硫化氢气体含量、消化液的各项理化指标，表 2-6 显示了各阶段的 VTS 去除率。

表 2-6　VTS 去除率

有机负荷/[g/(L·d)]	2	4	6	8	10	12	14	16
VTS 去除率/%	59.8	70.1	65.7	69.7	77.9	79.4	68.8	56.1

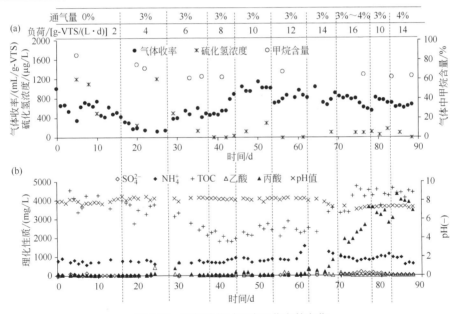

图 2-17　厌氧消化过程中理化参数变化

从图 2-17（a）可见，实验开始阶段，有机负荷维持在 2 g-VTS/(L·d)，此条件下运行了 16 d，气体产率在 450～700 mL/g-VTS 范围内波动，约为理论产气量的 45%～70%，气体中硫化氢气体浓度约为 1000 mL/m³，推测可能是厌氧消化体系中出现硫化氢抑制，因而导致产气收率偏低；于是向反应器中持续通入总产气量 3% 的微量空气，并将有机负荷提升至 4 g-VTS/(L·d)，气体中硫化氢含量显著降低，约为 250 mL/m³，但气体产率骤降，仅为 200～400 mL/g-VTS，后经系统排查产气率骤降是由电磁流量计故障所致。当有机负荷提升至 6 g-VTS/(L·d)，产气率相对稳定在 400～600 mL/g-VTS；当有机负荷从 8 g-VTS/(L·d)提升到 10 g-VTS/(L·d)，产气率有明显增加，从 550 mL/g-VTS 增加至 950 mL/g-VTS。继续提高有机负荷到 12 g-VTS/(L·d)，产气率急剧下降至 711 mL/g-VTS，然后又缓慢增长，最终稳定在 860 mL/g-VTS 左右。负荷在 14 g-VTS/(L·d)时，产气率有小幅度波动，维持在 800 mL/g-VTS 左右，随着有机负荷增至 16 g-VTS/(L·d)，产气率先稳定后下降，稳定期持续 5 天，产气率约为 800 mL/g-VTS，从第六天开始产气率不断下降至 550 mL/g-VTS，随后降低负荷至 10 g-VTS/(L·d)，产气率迅速增至 820 mL/g-VTS，之后逐渐趋于稳定，约为 720 mL/g-VTS，再次将有机负荷提高到 14 g-VTS/(L·d)时，系统产气率仍可保持在 650 mL/g-VTS 左右，约为理论产气率的 65%。因此，可得出最大有机负荷为 14 g-VTS/(L·d)，此时气体产率约 650 mL/g-VTS，气体中甲烷含量为 63%。

在整个厌氧消化阶段，在微量通气条件下，气体中硫化氢的含量一直保持在相对较低水平；气体中甲烷气体浓度相对稳定，维持在 60%～75%，远远高于理论含量，这可能是由于餐厨垃圾中的油脂和蛋白质残留在蒸馏废液中，从而导致气体中甲烷含量高于理论计算值。

图 2-17（b）显示了厌氧消化整个阶段消化液的理化性质。在反应器的整个运行过程中，有机负荷在 2～12 g-VTS/(L·d)阶段，pH 值稳定在 8 左右，当负荷增至 14 g-VTS/(L·d)时，pH 值逐渐降低至 7.3，且之后随着负荷的变化一直稳定在此水平。消化液中有机酸的浓度变化恰好与此相对应，丙酸浓度在负荷从 12 g-VTS/(L·d)提高至 14 时，由零逐渐增加，到了负荷为 16 g-VTS/(L·d)阶段末，丙酸浓度接近 3900 mg/L，随后，随着负荷降至 10 g-VTS/(L·d)，丙酸浓度也相应下降至 2800 mg/L。但在再次将负荷提升为 14 g-VTS/(L·d)时，丙酸浓度急剧增高，超过 4300 mg/L，在此阶段，丙酸浓度虽然不断下降，但一直维持在相对较高水平，约为 3400 mg/L。总有机碳（TOC）的浓度变化范围较大，在负荷为 2～4 g-VTS/(L·d)时，TOC 浓度在 2700～4500 mg/L 范围内波动；负荷为 6～12 g-VTS/(L·d)，TOC 浓度逐渐下降，最终稳定在 2500 mg/L 左右；自负荷为 14 g-VTS/(L·d)起 TOC 浓度不断增高，最终维持在 4500 mg/L 左右，这种变化正好与有机酸浓度的变化相呼应。在整个消化阶段，乙酸和 SO_4^{2-} 的含量极少，接近于零。NH_4^+ 浓度比较稳定，一直维持在 1000 mg/L 左右，因此有机酸的积累不是由于氨抑制导致[21]。

丙酸的积累可能是由于在 16 g-VTS/(L·d)的高负荷下，厌氧消化反应器内丙酸氧化菌受抑制，导致丙酸累积，无法顺利生成甲烷。曾有研究称，甲烷发酵过程中乙酸和丙酸的降解速率是甲烷发酵速率的主要限制因素，这意味着在高有机负荷条件下，乙酸和丙酸是最容易积累的。乙酸可以直接被乙酸营养型的产甲烷古菌 *Methanosaeta* 和 *Methanosarcina* 利用，生产甲烷和二氧化碳；丙酸还需要被丙酸降解细菌降解为乙酸、氢和二氧化碳，之后才可以被乙酸营养型产甲烷古菌和氢营养型产甲烷古菌利用生成甲烷[22]。

从整个运行情况来看，在 53 ℃的高温厌氧消化过程中，餐厨垃圾与废纸混合物的乙醇发酵工艺中的蒸馏废水处理效果比较稳定，最高有机负荷可达 14 g-VTS/(L·d)，但在 16 g-VTS/(L·d)条件下难以达到稳定处理，有机酸（主要为丙酸）大量积累。

2.3.2 生物炭和负载铁生物炭对厌氧消化的影响

图 2-18 展示了各组实验的甲烷浓度随时间的变化情况。甲烷浓度达到 5%和 50%分别表示系统进入产甲烷和稳定产甲烷代谢阶段。在整个实验过程中，5 组实验的甲烷浓度整体上都是增加的。B、C、D、E 四组均在第 1 天达到 5%。C 组甲烷浓度增加最快，率先在第 8 天突破 50%，随后浓度稳定在 65%～72%。B 组和 E 组的甲烷浓度变化情况很相似，分别在第 11 天和第 12 天达到 50%，随后稳定在 60%～74%之间。相比 B、D、E 三组，D 组甲烷浓度上升最慢，在第 15 天达到 50%，随后稳定在 60%～74%。A 组甲烷浓度增加最慢，在所有实验结束时（第 38 天）达到最高值 37.6%。综上，比较 B、C、D、E 四组实验，C 组最先进入稳定产甲烷阶段，且甲烷浓度普遍高于别组，表明实验中添加生物炭可以提高产甲烷菌活性，使餐厨垃圾厌氧消化系统迅速达到稳定产甲烷阶段；D 组最后进入产甲烷阶段，且甲烷浓度普遍低于别组，表明添加 BC-Fe 降低了产甲烷菌的活性。

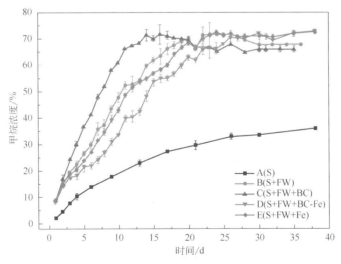

图 2-18　各组实验的甲烷浓度随时间的变化情况

图 2-19 展示了各组实验的甲烷日产量随时间的变化情况。反应初期，C 组甲烷日产量持续增加，在第 12 天到达第一个产气高峰——52.2 mL，随后降至 38.1 mL，并

在第 16 天到达第二个产气高峰——51.1 mL，此后，C 组甲烷日产量持续降低。B 组和 E 组情况相近，均经历了 4 天的启动期，其甲烷日产量从第 5 天开始增加，在第 11 天到达第一个产气高峰，分别为 25.5 mL 和 23.3 mL，此后，分别在第 18 天和第 19 天到达产气顶峰——42 mL 和 36.9 mL，此后逐渐降低。相比之下，D 组每日甲烷产量整体低于前三组，从第 7 开始增加，在第 26 天到达产气顶峰——32.6 mL，随后开始下降。A 组污泥的每日甲烷产量都小于 1 mL，故未添加底物时，污泥本身的产甲烷影响可忽略不计。综上，从启动期来看，从短到长分别是 C＜B≈E＜D；从到达产气顶峰的时间来看，从短到长分别是 C＜B≈E＜D；在最高甲烷日产量方面，从高到低分别是 C＞B≈E＞D。表明，添加生物炭可以帮助微生物能更快地适应底物，在更短的时间内达到更高的产气顶峰；添加载铁生物炭延长了微生物适应底物的时间和达到最高活性的时间，且降低了其最大甲烷日产量。故添加生物炭可以强化餐厨垃圾厌氧消化体系中微生物的产甲烷能力，添加铁离子对微生物的影响较小，而添加载铁生物炭却削弱了餐厨垃圾厌氧消化体系中微生物的产甲烷能力。

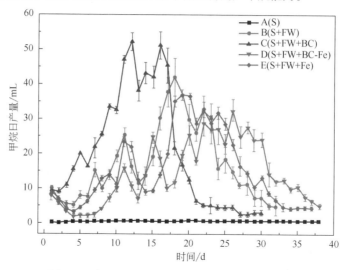

图 2-19 各组实验的甲烷日产量随时间的变化情况

图 2-20 展示了各组实验的甲烷累积产量随时间的变化情况。当甲烷日产量小于甲烷累积产量的 1%时，即可认为厌氧消化反应结束[26]。B、C、D、E 组分别在实验第 31、22、38 和 34 天反应结束，甲烷累积产量分别达到了 544.9 mL、576.1 mL、540.5 mL 和 543.0 mL。C 组比 B 组提前了 9 天（29.0%）完成反应，且反应结束时其甲烷累积产量比 B 组提高了 5.7%；而 D、E 组分别比 B 组延迟了 7 天（22.6%）和 3 天（9.7%）。且 C 组甲烷累积产量始终高于 B 组，而 D 组甲烷累积产量始终低于 B 组。以上表明，添加生物炭可以显著提高餐厨垃圾厌氧消化的产甲烷效率，这与 Luo 等人[23]发现添加生物炭可以提高厌氧消化甲烷产率的研究结果一致。然而，本研究中添加载铁生物炭却取得了相反的效果，表明在本研究中添加负载铁生物炭抑制了厌氧消化产甲烷过

程。E组累积甲烷产量普遍略低于 B 组，表明添加铁离子对厌氧消化的产甲烷过程略有抑制。谢经良等[27]研究发现，在中温污泥的厌氧消化过程中投加低于 150 mg/L 的氯化铁可以提高系统甲烷产量，而在本研究中投加 100 mg/L 的氯化铁并未对厌氧消化产甲烷过程产生明显的促进效果，可能是由于本工况下厌氧消化过程已可以较好运行，而所添加铁离子的浓度略高于微生物所需导致的。A 组污泥未接种底物，故其甲烷累积产量的增加速度非常缓慢，始终维持在较低水平。表明相比接种了餐厨垃圾的实验组，污泥本身的产甲烷情况可忽略不计。

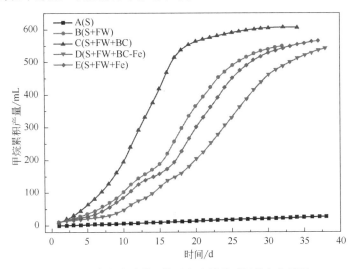

图 2-20　各组实验的甲烷累积产量随时间的变化情况

　　在厌氧消化启动前，首先经历水解酸化阶段。餐厨垃圾中丰富的有机物将水解为挥发性脂肪酸，大量挥发性脂肪酸迅速积累而导致体系的 pH 值急剧降低产生酸化现象。pH 值会直接影响水解酸化菌和产甲烷菌的活性，是评价厌氧消化过程稳定性十分重要的化学指标。通常认为，pH 值达到 6.5 是产甲烷活动的启动条件。图 2-21 是 pH 值随时间的变化曲线。可以看出，B、C、D、E 组的 pH 值均在反应开始时急剧降低，第 3 天时降至低谷，最低 pH 值分别为 5.50、6.01、5.18 和 5.39，此后开始逐渐回升。其中，C 组 pH 值回升最快，在第 5 天时达到 6.57，而对照组（B 组）在第 11 天达到 6.85；D、E 组 pH 值回升速度较慢，分别在第 11 天和第 14 天时达到 6.63 和 6.62。A 组 pH 值稳定在 7.0～8.0 的范围内。结合每日产甲烷量随时间的变化情况，pH 值到达低谷时，B、D、E 组每日甲烷产量也达到了各自的低谷，其中 D 组 pH 值低谷值最低，表明其酸化现象最严重。随着 pH 值的回升，B、D、E 组每日甲烷产量也逐渐回升。B、E 组每日甲烷产量从第 4 天开始增加，而 D 组由于酸化现象最严重，至第 7 天才开始缓慢上升。表明产甲烷菌的活性随着 pH 值的回升而提高。不同于 B、D、E 组，C 组 pH 值普遍高于其他组，且其每日甲烷产量持续上升，表明 C 组的酸化情况相对较轻，产甲烷菌的活性相对较高。

综上，投加生物炭可以缓解餐厨垃圾厌氧消化反应初期的酸化现象，从而提高产甲烷菌的活性，这与 Cao 等人[28]、Sunyoto 等人[29]发现生物炭具有 pH 缓冲能力的研究结果一致。而投加负载铁生物炭加剧了餐厨垃圾厌氧消化反应初期的酸化现象，导致产甲烷菌的活性降低。Schwarzenbach 等人[30]发现生物炭的吸附能力与周围溶液的 pH 值有关，在较高 pH 值下，酚类和羧基释放质子并获得负电荷，而在低 pH 值下，碱性官能团如胺吸收质子并获得正电荷。结合负载铁生物炭的 pH 值测定结果（1.93± 0.04），可能是由于在负载铁生物炭的改性过程中，浸渍液（氯化铁溶液）本身为酸性，生物炭表面的碱性官能团吸收了大量的质子，导致负载铁生物炭呈现出较强的酸性，从而加剧了厌氧消化过程的酸化程度。

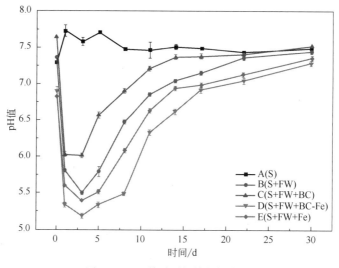

图 2-21　pH 值随时间的变化情况

电导率是用来表示电子传导能力的物理量。厌氧消化液的电导率是反映消化液中电子传导能力的重要指标。图 2-22 展示了本实验的消化液电导率随时间的变化情况。可以看出，五组实验的消化液电导率都随着时间的推移而上升，B、C、D、E 组消化液电导率上升速率明显高于未接种底物的 A 组，表明渗滤液电导率会随着厌氧消化的进行而上升。B、C、D、E 组消化液电导率的初始值分别为 1565 μS/cm、1538 μS/cm、1871 μS/cm 和 1809 μS/cm，在第 30 天分别达到了 4135 μS/cm、4486 μS/cm、4406 μS/cm 和 4222 μS/cm。值得注意的是，在反应开始时，溶液电导率从高到低排列为 D≈E > C ≈B，而反应持续到第 30 天时，此顺序变为 D≈C > B≈E，表明添加生物炭和负载铁生物炭会加快溶液电导率的上升速度，到反应后期，B、D 两组电导率已高于对照组，从而可能会通过提高了渗滤液电导率来促进 DIET 过程，这与前人的研究一致[25]。然而，结合每日甲烷产量随时间的变化，C 组产甲烷菌活性高于对照，而 D 组产甲烷菌活性低于对照，故本研究中渗滤液电导率的变化未对厌氧消化过程表现出较为明显的影响。添加铁离子可以立即增加溶液的电导率，但随着反应的进行，铁离子对电导率的提高作用越来越小，至第 30 天时已与对照组相差无几。

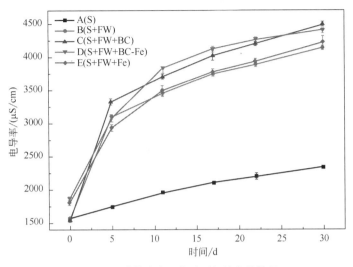

图 2-22　消化液电导率随时间的变化情况

图 2-23 展示了挥发性脂肪酸的总量随时间的变化情况。餐厨垃圾厌氧消化前期水解酸化生成 VFA，故 VFA 总量在反应初期急剧上升。体系进入产甲烷阶段后，微生物以 VFA 为底物生成甲烷气体，VFA 的消耗速率大于生成速率，故此时 VFA 浓度会快速下降，这与 pH 值随时间的变化趋势相反。B、C、E 三组 VFA 均在第 26 天前被降解完全，而 D 组 VFA 在第 26 天时仍有残余，达到了 368.2 mg/L，此后在第 30 天前被降解完全。B 组作为对照组，其 VFA 总量在第 5 天达到最高值 1701.4 mg/L。相比之下，C 组 VFA 总量始终低于 B 组，最高值为 1477.1 mg/L，从第 14 天开始已稳定在 200 mg/L 以下。表明 C 组的厌氧消化体系一直在消耗有机酸生成甲烷，且比B 组的消耗速率更快。D、E 组 VFA 总量始终高于 B 组，分别在第 5 天和第 8 天达到最高值 1888.8 mg/L 和 1727.2 mg/L。

以上表明，添加生物炭可以加快 VFA 的分解速率，从而有利于缓解酸化现象和提高甲烷产率，这与 Luo 等人[23]发现生物炭可以使厌氧消化体系的甲烷产量提高86.6%以及缓解体系酸化现象的研究结果一致。而添加铁离子的 E 组，其 VFA 总量略高于对照组，表明此工况下添加浓度为 100 mg/L 铁离子略降低了 VFA 的消耗速率。可能是由于此工况下系统可以较好地运行，铁离子的添加浓度超过合适浓度导致的。而对于添加了载铁生物炭的 D 组，其 VFA 总量总是高于 B 组，表明投加负载铁生物炭降低了 VFA 的消耗速率。结合负载铁生物炭的 pH 值以及各组实验 pH 值随时间的变化情况，D 组抑制 VFA 分解的原因可能是负载铁生物炭在浸渍过程中大量吸附了氯化铁溶液中的氢离子，从而导致负载铁生物炭的酸性较强，对水解酸化过程产生了一定的抑制效果。

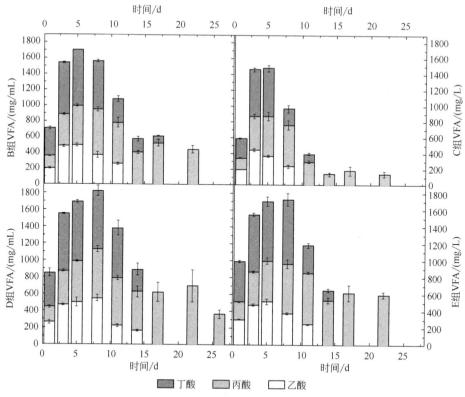

图 2-23 B、C、D、E 组挥发性脂肪酸随时间的变化情况

从图 2-23 可以看出，四组实验中乙酸随时间的变化趋势是先增加后降低的。B、C、D、E 组分别在第 5 天、第 3 天、第 8 天和第 5 天达到最高值，分别为 498.8 mg/L、446.7 mg/L、512.1 mg/L 和 551.1 mg/L。且 C 组乙酸浓度始终低于 B 组，而 D 组始终高于 B 组。乙酸主要产生于厌氧消化的第三阶段，随后作为第四阶段产甲烷的原料，乙酸的浓度变化可以反映出第三阶段乙酸的生成速率与第四阶段乙酸的消耗速率之间的关系。以上表明，投加生物炭可以促进微生物利用乙酸生成甲烷的过程；而投加负载铁的生物炭在一定程度上抑制了微生物利用乙酸合成甲烷的过程；E 组和 B 组情况相似，反映出投加铁离子对厌氧消化的第四阶段的影响不明显。

从图 2-23 可以看出，反应初期（第 8 天以前）丙酸浓度逐渐上升。C 组丙酸浓度普遍低于其他各组，在第 8 天达到最高值 517.4 mg/L，此后逐渐降低，在第 26 天时已被消耗完全。B、D、E 组的丙酸浓度均在第 8～11 天达到高峰后，表现出波动的状态，B、E 组丙酸在第 26 天时已消耗完全，而 D 组丙酸浓度在第 26 天时达到了 368.2 mg/L，在第 30 天时才被消耗完全。结合乙酸和丁酸的浓度随时间的变化情况，可以看出厌氧消化体系中的微生物对丙酸的降解能力相对较弱。以上表明，投加生物炭可以加快微生物对丙酸的消耗速率，而投加负载铁生物炭具有相反的效果，投加氯化铁对微生物降解丙酸速率的影响不明显。

各组丁酸的浓度随时间的变化趋势一致，均是先增加到最大值然后逐渐降低至被完全消耗。C 组的丁酸浓度普遍较低，均在第 13 天时被消耗完全。D、E 组丁酸浓度普遍较高，分别在第 5 天和第 8 天达到最高值 709.2 mg/L 和 763.5 mg/L，此后逐渐降低，在第 17 天时被消耗完全。在反应初期，丁酸浓度均高于丙酸和乙酸，而后逐渐低于丙酸，表明在厌氧消化反应初期，丁酸较容易大量积累，随着反应的进行，丁酸和乙酸逐渐被分解完全，而丙酸仍有残留。

氨氮是蛋白质、核酸和尿素等厌氧消化的终产物，氨氮浓度代表有机物尤其是蛋白质等含氮物质的分解程度。不同浓度的氨氮对厌氧消化具有不同的影响，如表 2-7 所示。

表 2-7　不同浓度氨氮对厌氧消化的影响

对厌氧消化的影响	氨氮/（mg/L）
有利	50～200
无拮抗效应	200～1000
抑制（尤其在高 pH 值条件下）	1500～3000
绝对抑制（任何 pH 值）	>3000

图 2-24 为本次厌氧消化体系氨氮浓度随时间的变化情况。五组实验的氨氮浓度整体上是增加的。在第 11 天前，氨氮浓度增加迅速，可能是在厌氧消化初期的水解阶段，蛋白质被迅速分解为氨氮。在第 11 天后，氨氮浓度增加缓慢，最终 B、C、D、E 四组氨氮含量稳定而接近，可能是由于此时蛋白质的分解已基本完成。五组实验的氨氮最大浓度未达到抑制浓度（1500～3000 mg/L），表明本次底物餐厨垃圾的蛋白质

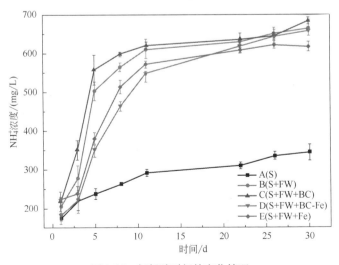

图 2-24　氨氮随时间的变化情况

含量较低，未引发氨抑制现象。相比之下，C 组氨氮浓度普遍高于其他各组，表明 C 组蛋白质的水解速率最快，而 D、E 组却相反。A 组氨氮浓度增加最慢，且显著低于其余四组，表明污泥本身的蛋白质等含氮物质也会被缓慢分解。故添加生物炭可以加速蛋白质的水解过程，但在本实验中添加铁离子和负载铁生物炭在一定程度上阻碍了蛋白质的水解。

2.3.3 生物炭对厌氧消化的影响机制

生物炭（BC）和负载铁生物炭（BC-Fe）的 pH 值见表 2-8，生物炭本身为碱性（pH=8.56），从而可以对体系的 pH 值起到一定的缓冲作用，在一定程度上缓解厌氧消化反应初期的酸化现象。这与 Cao 等人[28]发现生物炭可以缓冲消化体系的研究结果一致。而负载铁生物炭的 pH 值急剧降低（pH=1.93），将其投加到厌氧消化体系后，会加剧反应初期的酸化现象，从而对厌氧消化产生抑制效果。

表 2-8 BC 和 BC-Fe 的 pH 值与 BET 比表面积

项目	pH 值	BET 比表面积/（m²/g）
BC	8.56±0.03	12.17
BC-Fe	1.93±0.04	0.0425

使用电子显微镜观察生物炭和负载铁生物炭，图 2-25 为放大 1000 倍下 BC 和 BC-Fe 的电镜照片。可以看到，BC 具有丰富的管状结构和孔结构，可以为微生物提供良好的栖息场所，从而促进其生长繁殖，这与 Mumme 等人[24]的研究结果一致。而吸附了铁离子的 BC-Fe，其表面形态发生了明显的变化，表面粗糙不平，孔结构受到了一定的破坏，表明氯化铁溶液可以改变生物炭的表面形态。

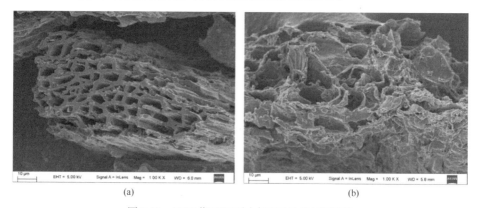

(a)　　　　　　　　　　　　　　(b)

图 2-25 1000 倍下 BC(a) 与 BC-Fe(b) 的形貌

如表 2-8 所示，生物炭的 BET 比表面积为 12.17 m²/g，是负载铁生物炭的 BET

比表面积（0.0425 m²/g）的286.4倍。结合生物炭多孔的表面形态，生物炭巨大的比表面积可以为微生物的生长繁殖提供良好的栖息场所，从而可能促进微生物的生长繁殖。这与Mumme等人[24]发现生物炭为厌氧消化中的微生物提供了丰富的附着位点从而促进生物膜的形成的研究结果一致。而负载铁生物炭的BET比表面积明显降低，这可能是其对厌氧消化产生抑制的重要原因之一。

图2-26为生物炭和负载铁生物炭的FT-IR图谱。通常认为，波数为3300～3800 cm⁻¹附近的吸收峰主要是醇羟基或酚羟基的伸缩振动产生的，波数为2350 cm⁻¹附近的吸收峰对应碳碳叁键或Si—H伸缩振动，1600～1750 cm⁻¹之间的吸收峰为C═O和芳环的骨架伸缩振动产生，1600～1800 cm⁻¹之间的双峰是由羧基振动产生的，波数为873 cm⁻¹左右的吸收峰对应的是Si—O—Si振动吸收[31,32]。以上表明，本研究中的生物炭含有丰富的官能团，如烷基、芳基和一些含氧官能团等。生物炭的表面官能团是影响生物炭化学吸附性能的主要活性位，丰富的官能团使生物炭具有优良的吸附性能[33]。由于在吸附过程中不具有选择性，故生物炭在厌氧消化过程中可能会吸附一些营养物质或有用的代谢物[24]，从而对厌氧消化过程产生一定的积极影响。此外，比较BC和BC-Fe的FT-IR图谱，可以看出BC和BC-Fe在官能团上最大的区别是，BC-Fe具有明显的羧基吸收峰、羟基吸收峰以及更多的Si—H。结合BC和BC-Fe的pH值，进一步反映出BC-Fe表面结合了大量氢离子，过多的酸性官能团（如羧基和羟基）可能是导致本研究中BC-Fe对厌氧消化过程表现出抑制效果的原因。

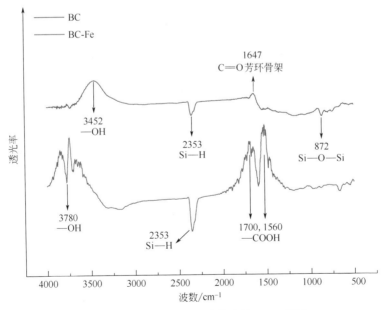

图2-26 生物炭和负载铁生物炭的FT-IR图谱

2.4
本章小结

目前，厌氧发酵产沼气技术较为成熟，厌氧发酵产沼气技术可以有效地处理有机固废，尤其是餐厨垃圾，能够实现废弃资源的能源化利用。采用基因技术可以很好地分析发酵过程的菌落演变，例如，温度升高导致厌氧处理能力下降的主要原因可能是乙酸营养型产甲烷菌比例的下降，乙酸的消耗需要通过乙酸氧化菌和氢营养型产甲烷菌的协同作用，产甲烷速率降低，从而导致处理能力下降。通过发酵条件的调控可以显著提高产沼气的效率，同时，引入具有丰富官能团的生物炭，可能使生物炭吸附厌氧消化体系中的某些营养物质或有用的代谢物，从而对厌氧消化过程产生积极的影响。

参考文献

[1] 孙体昌，娄金生. 水污染控制工程[M]. 北京：机械工业出版社，2009：387-390.

[2] 赵庆良，任南琪. 水污染控制工程[M]. 北京：化学工业出版社，2005：224-225.

[3] 李建政，叶菁菁，王卫娜等. 制糖废水 CSTR 甲烷发酵系统的污泥驯化与运行特征[J]. 科技导报，2008，26（10）：70-74.

[4] 唐玉斌，陈芳艳，张永峰. 水污染控制工程[M]. 哈尔滨：哈尔滨工业大学出版社，2006：232-235.

[5] 刘少奇. 环境生物技术[M]. 北京：科学出版社，2003：157-159.

[6] 许一平. HRT 对厌氧消化系统运行效能的影响及丙酸氧化菌群的结构解析[D]. 哈尔滨：哈尔滨工业大学，2011：5-6.

[7] 刘红波，邵丕红，韩相奎. 几种污水厌氧生物处理技术[J]. 长春工程学院学报，2006，7（3）：39-42.

[8] Mohan D, et al.Organic and inorganic contaminants removal from water with biochar, a renewable, low cost and sustainable adsorbent—a critical review.Bioresource Technology, 2014, 160: 191-202.

[9] Chen S, et al.Promoting interspecies electron transfer with biochar.Scientific Reports, 2015, 4(1).

[10] Xu S, et al.Comparing activated carbon of different particle sizes on enhancing methane generation in upflow anaerobic digester.Bioresource Technology, 2015, 196: 606-612.

[11] Jan M, et al.Use of biochars in anaerobic digestion.Bioresource Technology, 2014(164): 189-197.

[12] Lü F, et al.Biochar alleviates combined stress of ammonium and acids by firstly enriching *Methanosaeta* and then *Methanosarcina*.Water Research, 2016, 90: 34-43.

[13] Shen Y, et al.Producing pipeline-quality biomethane via anaerobic digestion of sludge amended with corn stover biochar with in-situ CO_2 removal.Applied Energy, 2015, 158: 300-309.

[14] Zandvoort M H, et al.Trace metals in anaerobic granular sludge reactors: bioavailability and dosing strategies.Engineering in Life Sciences, 2006, 6(3): 293-301.

[15] 张万钦等. 微量元素对沼气厌氧发酵的影响. 农业工程学报，2013，（10）：1-11.

[16] Feng Y, et al.Enhanced anaerobic digestion of waste activated sludge digestion by the addition of zero valent iron.Water Research, 2014, 52: 242-250.

[17] 钟晓晓等. 生物炭的制备、改性及其环境效应研究进展. 湖南师范大学自然科学学报，2017，（5）：44-50.

[18] 潘经健等. Fe(Ⅲ)改性生物质炭对水相 Cr(Ⅵ)的吸附试验. 生态与农村环境学报，2014，（4）：500-504.

[19] 董双快等. 铁改性生物炭促进土壤砷形态转化抑制植物砷吸收. 农业工程学报，2016，（15）：204-212.

[20] Tang Y Q, Shigematsu T, Ikbal, Morimura S, Kida K.The effects of micro-aeration on the phylogenetic diversity of microorganisms in a thermophilic anaerobic municipal solid-waste digester[J].Water Res, 2004, 38 (10): 2537-2550.

[21] Liu J, et al.Food losses and waste in China and their implication for water and land.Environmental Science & Technology, 2013, 47(18): 10137-10144.

[22] Wang X, et al.Augmentation of protein-derived acetic acid production by heat-alkaline-induced changes in protein structure and conformation.Water Research, 2016, 88: 595-603.

[23] Luo C, et al.Application of eco-compatible biochar in anaerobic digestion to relieve acid stress and promote the selective colonization of functional microbes.Water Research, 2015, 68: 710-718.

[24] Jan M, et al.Use of biochars in anaerobic digestion.Bioresource Technology, 2014(164): 189-197.

[25] Park J, et al.Direct interspecies electron transfer via conductive materials: a perspective for anaerobic digestion applications.Bioresource Technology, 2018, 254: 300-311.

[26] Hobbs S R, et al.Enhancing anaerobic digestion of food waste through biochemical methane potential assays at different substrate: inoculum ratios.Waste Management, 2018, 71: 612-617.

[27] 谢经良等.FeCl₃对污泥中温厌氧消化的影响. 安徽农业科学，2013，23（41）：9741-9743.

[28] Cao G, et al.Enhanced cellulosic hydrogen production from lime-treated cornstalk wastes using thermophilic anaerobic microflora.International Journal of Hydrogen Energy, 2012, 37(17): 13161-13166.

[29] Sunyoto N M S, et al.Effect of biochar addition on hydrogen and methane production in two-phase anaerobic digestion of aqueous carbohydrates food waste.Bioresource Technology, 2016, 219: 29-36.

[30] Schwarzenbach R P P M.Chemical transformations i: hydrolysis and reactions involving other nucleophilic species.Environmental Organic Chemistry, 2005: 489-554.

[31] 江美琳等. 生物炭负载四氧化三铁纳米粒子的制备与表征. 农业环境科学学报，2015，3（37）：592-597.

[32] 林珈羽等. 生物炭的制备及其性能研究. 环境科学与技术，2018，12（38）：54-58.

[33] E B C, et al.Characterization of biochar from fast pyrolysis and gasification systems.Environmental Progress and Sustainable Energy, 2009, 3(28): 386-396.

第3章

固体氧化物电解池技术开发

3.1
SOEC 概述

化石燃料焚烧所引起的全球变暖和其他生态问题，引起了全世界对环境无害燃料和技术发展的关注。氢基清洁燃料是一种有前景的可用能源，其具有最高质量能量密度（143 kJ/kg），可运输可存储，能够满足日益增长的能源需求。另外，氢气作为燃料与氧气反应燃烧，能够在不留下任何碳足迹的情况下产生能量，且仅生成水。因此，氢能作为新型无碳能源载体，可以实现大规模、高效地可再生能源消纳，是实现碳中和的重要选择。

目前，氢主要由甲烷或其他碳氢化合物蒸气重整生成。向低碳经济转型，迫切需要一种可持续和环境良性的氢生产替代路线，而电解水技术利用可再生能源获得的电能来进行电网规模级别产氢，可实现 CO_2 的零排放。现有电解水的装置类型有质子交换膜燃料电池（polymer electrolyte membrane electrolysis cell，PEMEC）、磷酸燃料电池（phosphoric acid electrolysis cell，PAEC）、碱性燃料电池（alkaline electrolysis cell，AEC）、熔融碳酸盐燃料电池（molten carbonate electrolysis cell，MCEC）和固体氧化物电解池（solid oxide electrolysis cell，SOEC）。其中，SOEC 结合来自可再生能源或先进核反应器的热和电，允许在高温下通过蒸气电解生产氢气，具有多种技术优势：①不需要使用贵金属催化剂如铂，降低了系统成本；②由于热能的供应，电能需求更低；③在高电流密度下运行，能产生大量高纯氢气。

3.1.1 SOEC 基本原理和组成

SOEC 是一种在高温下运行的固体氧化物电化学器件，主要由至少一层电解质和至少两个电极（阳极和阴极）组成，运行温度通常为 500~1000 ℃[1]。其中，电解质是离子导电陶瓷，呈固态、紧实且气密状，其作用是将在一个电极上产生的离子（载流子）传导到另一个电极。同时，为了避免电池内的短路现象，电解质必须是电子绝缘的。电解质的内外表面为多孔阴极和阳极层，如图 3-1 所示。除核心反应部件外，平板式 SOEC 还需要密封材料，多个单体电解池组成电堆时还需要连接体材料。

图 3-1 SOEC 组成示意图

SOEC 工作原理是固体氧化物燃料电池（solid oxide fuel cell，SOFC）的逆过程，通过外加电流/电压电解高温去离子水蒸气，产生氢气和氧气，将电能和热能转化为化学能，如反应式（3-1）所示。总的电解反应是两个电化学反应[也称为半反应，反应（3-2）和反应（3-3），或反应（3-4）和反应（3-5）]之和，半反应发生在两个电极。发生反应物或中间体还原反应（得电子）的电极称为阴极，发生氧化反应（失电子）的是阳极。阴极材料一般采用 Ni/YSZ 多孔金属陶瓷，阳极材料主要是钙钛矿氧化物材料。

$$H_2O \longrightarrow H_2 + \frac{1}{2}O_2 \tag{3-1}$$

依据电解质传导离子类型的不同，SOEC 主要有氧离子传导型固体氧化物电解池（O-SOEC）和质子传导型固体氧化物电解池（H-SOEC）两大类。O-SOEC 的研究较为广泛，是传统所称的 SOEC。其具体的运行过程是通过在阴极侧注入水蒸气实现的，如图 3-2 所示。当电流施加到 O-SOEC 电池上时，蒸汽形式的水分子会在阴极和电解质界面处解离，解离后生成 H_2 和氧离子（O^{2-}）。随后，O^{2-} 通过具有氧离子传导能力的电解质迁移到阳极，在电解质和阳极界面处 O^{2-} 发生氧化反应成为 O_2，并逸出阳极。整个过程的宏观表现为氧分子在外界电场的作用下从贫氧气体一侧透过电解质迁移到富氧气体一侧，富氧气体和贫氧气体间的氧浓度差随之增大。最后，H_2 在阴极出气口收集。吹扫气如空气可以在阳极处循环，收集产生的 O_2。

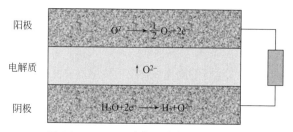

图 3-2　O-SOEC 电解反应机理的示意图

O-SOEC 高温电解半反应式为：

$$阴极\ H_2O(g)+2e^- \longrightarrow H_2(g)+O^{2-} \tag{3-2}$$

$$阳极\ O^{2-} \longrightarrow \frac{1}{2}O_2(g)+2e^- \tag{3-3}$$

由于质子传导电解质在中、低温下的离子电导率高于氧离子传导电解质，且质子的迁移比氧离子具有更低的活化能，H-SOEC 的性能及其应用近年来备受关注。其工作原理如图 3-3 所示，当质子导体用作电解质时，蒸汽进入 H-SOEC 阳极，质子在电场作用下传导到阴极，氢气以质子形式从水中电化学析出。与传统的 O-SOEC 相比，H-SOEC 的蒸汽从空气电极侧供给，在氢电极侧仅产生干纯氢气，无需进一步分离，大大简化了系统并降低了操作成本；其次，氢气是从氢电极放出的，而电解质/氢电极通常是共烧结的，界面强度高，有助于减轻 O-SOEC 中电解质/电极分层问题；另外，Ni 作为 SOEC 中最广泛使用的氢电极材料，H-SOEC 也常用化学相容的 Ni 基氢电极，且在单一的还原性气体氛围下避免了 O-SOEC 中 Ni 颗粒的反复氧化还原带来的电池性能衰减，从而稳定性更高。基于 H-SOEC 技术仍处于研发阶段，需继续借鉴质子传导型电解质在 SOFC 上研究出的最佳性能成果，将其应用在 SOEC 上。

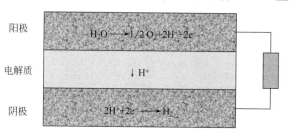

图 3-3　H-SOEC 电解反应机理的示意图

H-SOEC 高温电解半反应式为：

$$阳极\ H_2O(g) \longrightarrow \frac{1}{2}O_2(g)+2H^++2e^- \tag{3-4}$$

$$阴极\ 2H^++2e^- \longrightarrow H_2(g) \tag{3-5}$$

除 H_2O 外，电解的反应气体也可以是如 CO_2，或 CO_2 和 H_2O 构成的混合物。从 20 世纪 60 年代起，NASA 就已经开始研究通过 CO_2 电解（以及 H_2O 和 CO_2 共电解）

在空间站和火星上产氧。如上所述，电解装置 PEMEC、PAEC、AEC、MCEC、SOEC 都具有电解 H_2O 产 H_2 的能力。但其中，仅有 SOEC 被认为具有电解 CO_2 产 CO 的能力。对于 O-SOEC，CO_2 被送进阴极，分解为 CO 和 O^{2-}。O^{2-} 通过固体氧化物电解质在电场作用下从阴极传导到阳极。在阳极处，O^{2-} 重新结合生成 O_2。CO_2 电解模式下 SOEC 的反应式是（3-6）。在 SOEC 中共电解 H_2O 和 CO_2 生成合成气，是反应（3-1）和反应（3-6）结合以生成 H_2 和 CO。共电解产物 H_2 和 CO 形成所谓的合成气，后续能够转换成甲烷（CH_4，通过 Sabatier 反应甲烷化）或碳氢化合物如汽油、柴油等液态燃料（通过费-托合成）。这些电转气或电转液路径代表一种耦合现行系统两大能源基础设施（气体和电力网络）的高效策略。而在 H-SOEC 中，水蒸气通入氧电极，同时向氢电极侧供应 CO_2，也可能会与生成的 H_2 反应生成 CH_4（合成天然气）和 H_2O。

$$2CO_2 \longrightarrow 2CO + O_2 \tag{3-6}$$

但共电解需要注意，实际反应远比两个独立电解反应[反应（3-1）和反应（3-6）]复杂，因为水-气转换（water-gas shift reaction，WGSR）反应（3-7）可能与电解反应并行：

$$H_2O + CO \Longleftrightarrow H_2 + CO_2 \tag{3-7}$$

另外，当含氧元素的气体组分为氮氧化物（NO_x）等典型环境污染物时，利用 SOEC 技术还可以去除这些污染物，其化学过程可表示为：

$$NO_x \longrightarrow N_2 + O_2 \ (x=1 \text{ 或 } 2) \tag{3-8}$$

3.1.2 SOEC 电解的热力学和其他基本概念

为了评估电化学过程的热力学，假设 SOEC 是理想的（没有副反应、短路等）。依据水蒸气分解过程的方程式（3-1），单位反应可逆过程的焓变 $\Delta_r H_m$、熵变 $\Delta_r S_m$、吉布斯自由能变 $\Delta_r G_m$ 与温度 T 的关系满足：

$$\Delta_r H_m = \Delta_r G_m + T \Delta_r S_m \tag{3-9}$$

反应的电动势 E 为：

$$E = -\frac{\Delta_r G_m}{nF} \tag{3-10}$$

式中，n 为单位反应转移的电子数，对反应（3-1），$n=2$；F 为法拉第常数（96485 C/mol）。以反应焓变计算的电压称为热中性（thermoneutral）电动势 E_{TN}，也称焓值（enthalpy）电动势：

$$E_{TN} = -\frac{\Delta_r H_m}{nF} \tag{3-11}$$

根据定义，对于吸热反应（$\Delta_r H_m > 0$），热中性电压是实现电化学反应（3-1）可持续热平衡操作的最小电压。标准状态（T=298.15 K，p=100 kPa）下，反应的焓、吉布斯自由能和熵变分别为：$\Delta_r H_m^{\ominus}$ =241.83 kJ/mol，$\Delta_r G_m^{\ominus}$ =228.59 kJ/mol，$\Delta_r S_m^{\ominus}$ =44.39 kJ/(mol/K)，反应的电动势与热中性电动势分别为：$E^{\ominus}$=-1.185 V，$E_{TN}^{\ominus}$=-1.253 V，负号表示电化学反应进行方向是水电解生成的氢和氧。当温度为 T，氢、氧、水的分压分别为 p_{H_2}、p_{O_2}、p_{H_2O} 时，有下述热力学方程：

$$\Delta_r G_m(T)=\Delta_r G_m^{\ominus}(T)+RT\ln\frac{\left(\dfrac{p_{O_2}}{p_0}\right)^{0.5}\left(\dfrac{p_{H_2}}{p_0}\right)}{p_{H_2O}/p_0} \tag{3-12}$$

$$d\left(\frac{\Delta_r G_m^{\ominus}(T)}{T}\right)=-\frac{\Delta_r H_m^{\ominus}(T)}{RT^2}dT \tag{3-13}$$

$$\Delta_r H_m^{\ominus}(T)=\Delta_r H_m^{\ominus}(T_0)+\int_{T_0}^{T}\Delta_r C_{p,m}(T)dT \tag{3-14}$$

对应地，当温度为 T，各组分压力为标准压力时，标态电动势 $E^{\ominus}(T)$ 与标态热中性电动势 $E_{TN}^{\ominus}$ 为：

$$E^{\ominus}=-\frac{\Delta_r G_m^{\ominus}(T)}{2F} \tag{3-15}$$

$$E_{TN}^{\ominus}(T)=-\frac{\Delta_r H_m^{\ominus}(T)}{2F} \tag{3-16}$$

水分解反应（3-1）在 25～1000 ℃温度区间内的上述热力学函数示于图 3-4，计算所用参数取自文献[2]。在所示温度区间内，反应标准焓变 $\Delta_r H_m^{\ominus}$ 为正，即反应吸热，且随温度变化轻微。随温度升高，反应可逆热 $T\Delta_r S_m^{\ominus}$ 增加，而吉布斯自由能 $\Delta_r G_m^{\ominus}$ 减少，即由于反应的可逆热（$T\Delta_r S_m^{\ominus}$）被吸热的水电解反应（3-1）利用，电解需要的电功（$\Delta_r G_m^{\ominus}$）减少，系统效率得到提高，即水电解反应（3-1）在高温下进行具有更高效率。

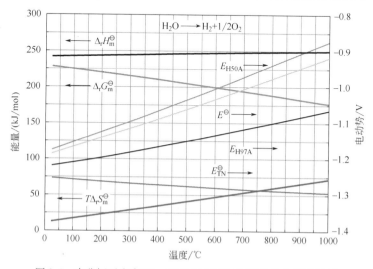

图 3-4　水分解反应在 25～1000 ℃温度区间的各热力学函数图

在水的电解过程中，外界输入的电能转化为氢的化学能，设施加的电解电压为V_{cell}，通过电解电池的电流为I，且该电流不含短路电流，即所有电流在通过电解电池时均发生了电化学反应，则电解过程的热力学效率η_{ec}为：

$$\eta_{ec} = \frac{\left(\dfrac{I}{2F}\right)LHV}{V_{cell}I} \times 100\% \qquad (3\text{-}17)$$

式中，LHV（low heat value, J/mol）为氢的低位热值，与反应（3-1）的反应焓值相等，即：

$$\eta_{ec} = \frac{\Delta_r H_m}{2FV_{cell}} \times 100\% \qquad (3\text{-}18)$$

由式（3-11）得出式（3-18）等效为：

$$\eta_{ec} = \frac{E_{TN}}{V_{cell}} \times 100\% \qquad (3\text{-}19)$$

注意，计算中E_{TN}与V_{cell}符号需相同。600 ℃条件下，$E_{TN} = -1.280\,V$，若施加的电解电压V_{cell}分别为-1.5 V和-1.3 V，则电解效率分别为85.3%和98.5%。温度升高为650 ℃后，$E_{TN} = -1.282\,V$，变化不大，但由于温度升高，电解电池的活性增加，产氢量可以显著增加。当电解电池施加的电压V_{cell}大于热中性电动势E_{TN}时，超出的电势最终随电流转化为焦耳热。电解时通过电解电池的电流越大，电解电池的操作越偏离热力学平衡状态，系统效率越低，但产氢速率越大。

电解过程的水蒸气单程利用率（U_{steam}）则为：

$$U_{steam} = \frac{\dfrac{I}{nF} \times 22.4}{Q_{steam}/60} \times 100\% \qquad (3\text{-}20)$$

即：

$$U_{steam} = 6.965 \times 10^{-3} \times \frac{I}{Q_{steam}} \times 100\% \qquad (3\text{-}21)$$

式中，Q_{steam}为水蒸气含量，单位是L/min（standard litre per minute，SLPM）。若水蒸气以液态水体积流量Q_{water}计量，单位是mL/min（standard cubic centimeter per minute，SCCM），则对应的水蒸气单程利用率计算公式为：

$$U_{steam} = 5.597 \times 10^{-3} \times \frac{I}{Q_{water}} \times 100\% \qquad (3\text{-}22)$$

电解过程中，电解电池的性能会逐渐退化，表现为恒流电解时电池的电动势（即极化电位）逐渐增加，或恒压电解时电池的电流逐渐减小。通常采用退化率d来表示，即恒流电解时计算公式为：

$$d = \frac{V_{cell} - V_{cell}^0}{V_{cell}^0} \times 100\% \qquad (3\text{-}23)$$

恒压电解时的计算公式为:

$$d = \frac{I^0 - I}{I^0} \times 100\% \qquad (3\text{-}24)$$

式中, V_{cell}^0 和 I^0 为反应初始 $t=0$ 时的电压和电流对应值。

3.1.3 SOEC 的分类

根据电池结构不同, SOEC 可以分为: 管式、平板式和扁管式。一直到 20 世纪 80 年代, SOEC 性能主要测自管式构造的 SOEC。管式构造 SOEC 的主要特点是不需要密封, 且电池连接简单, 但也存在能量密度低、加工成本昂贵等缺点。平板式 SOEC 具有能量密度高, 而且制造成本相对较低的优点, 近年来研究得较多。其需要解决的主要问题是寻找适合的密封材料和连接体材料。而扁管式电池结合了两者的结构特点。关于三种结构的讨论详见 3.6 节。

根据工作模式不同, SOEC 可以分为: SOEC、可逆 SOEC 和辅助 SOEC。其中, SOEC 指的是最常用模式, 作为电解池高效制备 H_2、CO 或合成气, 详见 3.1.1 节。可逆 SOEC 指的是将电解池与燃料电池的功能合二为一。该类电池既可以在电解状态下运行, 利用电能和热能分解 H_2O 和 CO_2, 又可以反向在燃料电池状态下运行产生电能。此时, 尽管电池是可逆的, 但在电解模式下通常性能稍差。电解模式性能更低的原因可能有两个: 一方面是由于 H_2O 的扩散较 H_2 慢, 增加了转换电阻; 另一方面是由于还原的吸热本质, 使得电池局部温度下降。另外, 除了可逆 SOEC, 电解水过程中还可以在 SOEC 阳极气腔通入 H_2、CH_4、CO 等燃料气体进行辅助电解。辅助 SOEC 的优点在于阳极气腔生成的 O_2 与 H_2、CH_4、CO 等发生化学反应, 从而降低了 O_2 析出反应的化学势, 电解池总的电能消耗也相应降低。

根据支撑体类型不同, SOEC 可以分为: 电解质支撑型 SOEC、电极支撑型和连接体支撑型 SOEC。起初, 电解质支撑型 SOEC 被开发, 该类电池有优异的结构强度和稳定性, 能够更加灵活地选择合适的电极材料, 在更低电流密度有较低的衰退, 降低了产氢成本。但是, 由于采用的电解质层较厚, 低温时会展示高欧姆电阻, 比较适合于高温运行。为了有效减少电解池的欧姆损失, 电极支撑型 SOEC 应运而生。在电极支撑型 SOEC 中, 一个电极(阴极或阳极)是固体结构最厚的部分, 这样的设计降低了电解质层厚度, 可以应用于中温 SOEC。作为支撑电极, 通常应该表现出多功能特性, 如支撑电池的机械强度、气体扩散路径和电子导电性等。以 O-SOEC 阴极支撑为例, 该电池在制备过程中需要高温共烧结支撑电极和电解质层, 以形成密实电解质膜。但是, 高温烧结可能会导致电极多孔性变差, 考虑水分子较大, 会造成支撑电极中的气体扩散限制。此时为了避免在高电流密度和蒸汽浓度时燃料电极内气体扩散的限制, 可以采用氧电极支撑平板型 SOEC。此外, 连接体支撑型 SOEC 是美国阿贡实验室于 2004 年提出的一种新结构设计。与前述陶瓷材料支撑的固体氧化物电池相比，该结构具有机械强度高、易于加工和成本低廉等优点。将该设计应用于 SOEC 制氢研究，有望提高电解池长期运行的稳定性，降低运行成本。

3.1.4 SOEC 特点及应用

风电、光伏等新能源发电技术发展迅速，在我国发电装机中占据越来越大的份额。然而，风能和太阳能具有随机性，风力机组和太阳能电池板所输出电功率的频率、电压均随风速及光辐射量而变，造成发电不稳定，并网困难，产生了大量弃风弃光现象。利用上述可再生能源弃电以电解水制绿氢，将波动电能转化为易存储和运输的燃料（如氢气、合成气）和氧气的化学能，是在双碳目标下最有发展潜力的行业。

目前电解储能技术主要有碱性电解技术、质子交换膜纯水电解和固体氧化物电解技术。其中，AEC 最为成熟、成本最低，已经实现了大规模制氢应用，但是需要消耗大量的电能，能量转换效率较低，对可再生能源变化的适应性差。PEM 电解水制氢与可再生能源的功率变化适应性更匹配，但因 Pt 贵金属的使用，成本较高。

与前两种低温技术相比，SOEC 在高温下进行电氢转换，具有以下特点：

① 全固态结构；

② 电解电压低，电解产热低，电解效率高；

③ 可以利用自然界热能或工业余热，能量转化效率高；

④ 不需要贵金属催化剂，成本低；

⑤ 可实现 CO_2 电解，或 H_2O 和 CO_2 的共电解；

⑥ 气体产物易分离；

⑦ 模块化组装。

除了与 SOFC 联合使用以改良风能和太阳能的发电不稳定性外，SOEC 电解水产生的绿氢还可以应用在三个方面：第一是氢冶炼，替代焦炭用于冶金行业，承担减碳任务；第二是化工，包括合成氨、甲醇、炼油；第三是交通，替代石油用于汽车燃料，用于燃料电池车和天然气混氢。全球每年总共需要约 40 亿吨氢气应用于金属冶炼、石油精炼、氨的生产、电子制造以及冷却热发电机等方面[3]，所以这部分潜力非常大。

3.1.5 SOEC 研究现状

SOEC 可以看作是 SOFC 的逆运行，两者对于材料、电极、电芯、电堆到系统的要求有很多相似之处，因此早期多数 SOEC 的研究主要基于 SOFC 的基础展开。然而，随着研究的深入，人们发现尽管 SOFC 在许多方面可供 SOEC 借鉴，但由于工作环境和模式的改变，SOEC 较 SOFC 对材料有些特殊要求，其研究方向也具有一定的针对性。

① 对于阴极（氢电极），由于 SOEC 的进气中水的含量远高于 SOFC，高温高湿环境对于材料稳定性能提出了更高的要求。常用的 Ni/YSZ 电解材料在高温高湿下 Ni 更容易被氧化生成钝化层而失去活性，其性能衰减机理和微观结构调控需要进一步研究；

② 对于阳极（氧电极），常规材料在电解模式下存在严重的阳极极化和易发生脱层，氧电极的极化能量损失远高于氢电极和电解质，因此有必要开发新材料以降低极化损失，并且 O_2 的析出反应电极过程机理也需要进一步研究；

③ 对于电解质，在电解模式下所受影响相对于电极材料较小，主要研究方向着重于电解质的薄膜化技术；

④ 对于电堆集成，在高温高湿恶劣环境下，现有的玻璃或玻璃-陶瓷密封材料，和连接体材料的寿命也会降低，需要进一步研究和改进；

⑤ 对于电解池系统层面，SOEC 制氢系统较 SOFC 更为复杂。例如，在高温电解制氢回路中的 H_2O 容易冷凝，其传输、控制和测量需要专门的设备，并需要设置多个监测点在线随时控制和调整温度、压力、湿度、气体流量、电流和电压等多个参数。SOEC 电解制氢体系不断产生高温的 H_2 和 O_2，需要冷却和热交换装置以保证热能的有效利用。此外，大量的 H_2 产生对 SOEC 制氢装置的气密性要求更高。由于 SOEC 电解制氢技术的发展尚不成熟，关于制氢系统的设计和控制技术还处于起步阶段。

国内中国科学院大连化学物理研究所、清华大学、中国矿业大学、国家电网公司、中国科技大学，及德国的 Sunfire 公司、美国爱达荷（Idaho）国家实验室、布鲁姆能源（Bloom Energy）公司、丹麦托普索（Topsoe）燃料电池有限公司、韩国能源研究所（KIER）以及欧盟 Relhy 高温电解技术发展项目等研究团队在固体氧化物燃料电池研究的基础上，开展了大量 SOEC 相关研究工作，研究方向由电解池材料研究到电解池堆和系统集成，并取得了一定的研究成果。

中国科学技术大学化学与材料科学学院的占忠亮教授团队已建成基于"流延-层压-共烧结"技术的电池生产线，开发出 20 cm×20 cm 大面积电池和 5 kW 电解水制氢电堆，实现 1.4 m^3/h 的产氢速率和 4 kW·h/m^3 H_2 的低能耗[4]。

德国 Sunfire 公司于 2021 年 5 月成功试运营了世界最大高温 SOEC 氢能电解槽模块。该模块共 250 kW，由 60 个电堆和 1800 片固体氧化物电池串联而成，生产 63 m^2/h 的氢气，达到 84%的低热值到交流电的转换效率。此外，其参与的欧盟运营的 MultiPLHY 项目，将于 2024 年底为鹿特丹港耐思特石油公司炼油厂配置一套额定功率为 2.6 MW 的电解装置，预计产氢量为 60 kg/h，电解效率高达 85%，寿命至少 16000 h[5]。

国际顶尖 SOFC 公司 Bloom Energy 于 2020 年 7 月宣布将在其 NASA 太阳能制氢和 SOFC 的技术基础之上，为韩国 SK 集团加氢站开发 SOEC，助力韩国政府 2040 年

1200 加氢站供应 620 万燃料电池车的路线图目标。2021 年 5 月，Bloom Energy 宣布与 Idaho 国家实验室达成一项协议，通过 Bloom Energy 的 SOEC 电解槽以核能为动力产生清洁的氢，以提高核能经济性和拓展核能新利用[6]。

丹麦 Topsoe 公司独有的 SOEC 电解池效率高达 90% 以上，已与 Aquamarine 公司签署谅解备忘录，将建设 100MW 的 SOEC 电解装置，以生成绿氢，并将其转化为 300 t/d 的绿氨。2021 年 3 月，Topsoe 宣布将建设大型 SOEC 电解槽制造厂，以满足客户对绿氢生产的需求。该设施将于 2023 年投入运营，届时将生产容量为 500 MW/a 的电解电堆，并可扩展至 5 GW/a[7]。

3.2
SOEC 阳极材料

3.2.1 阳极材料的基本要求

SOEC 阳极是氧气产生的场所，电极反应为析氧反应（oxygen evolution reaction, OER），也可以称为氧电极。

$$O^{2-} \longrightarrow 1/2O_2 + 2e^-$$

OER 反应需要克服一定的活化能垒，表现为阳极的极化电阻较高。其缓慢动力学特征是制约电解水反应整体效率的重要因素。为了使 SOEC 电解制氢过程更加具有效率，成本更低，阳极材料需要满足以下基本要求：

① 热稳定性；
② 在高氧化气氛下必须具有优良的化学稳定性；
③ 高电子和离子电导率；
④ 氧离子表面交换系数；
⑤ 合适的孔隙度和孔径；
⑥ 对 OER 持久高效的催化活性；
⑦ 与电解质的化学兼容性和稳定性；
⑧ 原材料和制造成本必须尽可能低。

其中，①、②、⑦、⑧是与 SOFC 相同的电极材料一般性要求。而④～⑥是 SOEC 对阳极材料的特殊要求。合适的孔隙度和孔径一方面是为了电提供气体传输通道，便于 O_2 的产生和流通，以减小气体扩散电阻；另一方面是为了提供高活性和足够多的电解质-电极-气孔三相界面（triple phase boundary，TPB）活性反应位。

阳极材料可以是典型电子导体、电子导体/离子导体复合物或混合离子和电子导体（mixed ionic and electronic conductors，MIEC）。对于电子或电子/离子复合氧电极，析氧反应限制在活性 TPB。对于 MIEC 氧电极，析氧反应扩展到一些（相对较低氧表面交换速率例子）或整个气体暴露 MIEC 表面，能利用的活性颗粒增加。

3.2.2　阳极材料的种类

通常，材料如贵金属、钙钛矿、双层钙钛矿、萤石、Ruddlesden-Popper（RP）被用作 SOEC 阳极材料。其中，贵金属（如金和铂）价格昂贵，多见于低温电解水技术和实验室研究，工业推广使用较少。

目前最常用的氧电极材料是 20 世纪 70 年代后期开发的含有稀土元素钙钛矿结构（$ABO_{3-\delta}$）的氧化物材料，属于 MIEC 导体。A 位通常由较大三价镧离子占据，部分由二价碱土金属离子替代以同时增加电子和离子电导率，B 位通常由一个以上小三价或四价 3d 过渡金属离子占据。其中，最具代表性且应用最广泛的钙钛矿阳极材料是掺杂锰酸镧（lanthanum strontium manganite，$LaMnO_3$），如 $La(Sr)MnO_{3-\delta}$（LSM）。由于其具有可接受的高离子和电子电导率、大氧交换速率常数（K_q）等特性，LSM 主要用于高温 SOEC，通常是 $800 \sim 900$ ℃。但是在实际运行中，LSM 由于析氧活性低，容易与电解质脱层。

除 LSM 外，其他研究的钙钛矿结构氧电极材料还有 $La_{0.8}Sm_2FeO_3$（LSF）、$LaSr_3Co_{1.5}Fe_{1.5}O_{10-\delta}$（LSCF）、$Sm_{0.5}Sr_{0.5}CoO_{3-\delta}$（SSC）、$Ba_{0.5}Sr_{0.5}Co_{0.8}Fe_{0.2}O_{3-\delta}$（BSCF）、$La_{0.8}Sm_2CoO_3$（LSC）、$La_{0.8}Sm_2Co_{0.2}Fe_{0.8}O_{3-\delta}$、$La_{0.6}Sr_{0.4}Co_5O_{3\pm\delta}$、$La_{0.8}Sr_{0.2}Co_{0.25}O_3$、$SrTi_{0.3}Fe_{0.7}O_{3-\delta}$、$Sr_2Fe_{1.5}Mo_{0.5}O_{6-\delta}$、$Ba_{0.9}Co_{0.5}Fe_{0.4}Nb_{0.1}O_{3-\delta}$、$Sm_{0.5}Sr_{0.5}CoO_3$、$Y_{0.07}Sr_{0.895}TiO_3$、$La_{0.3}Sr_{0.7}Fe_{0.7}Cr_{0.3}O_{3-\delta}$、$Ba_{0.6}La_{0.4}CoO_{3+\delta}$、$Ba_{0.5}Sr_{0.5}Co_{0.8}Fe_{0.2}O_{3-\delta}$、$Sr_2Fe_{1.5}Mo_{0.5}O_{6-\delta}$ 等。工作温度高（>800℃）会加速电极材料性能退化，并且导致高成本。因此，降低工作温度已经成为目前研究的主要焦点。含 Co 钙钛矿氧化物造成好的 MIEC 和 ORR 活性，相对于传统的 LSM 材料在中低温下具有更好的活性。近年来，镧-锶-钴-铁（LSCF）材料因在相对低的温度下仍显示较好的氧扩散性和氧交换系数且可以在较高的电流密度下运行，钡-锶-钴-铁（BSCF）材料因具有良好的热稳定性和高透氧率而成为未来发展的主要方向。但仍需注意，含钴材料面临多个技术和经济问题：①钴有毒，且价格较高；②长期运行由于 $Co(Ⅲ)/Co(Ⅳ)$ 容易转换导致低化学稳定性、与其他电池组分热失配系数、与氧化锆基系统的高反应性。为了提高材料稳定性，可以在阳极/电解质界面间引入 $Gd_{0.2}Ce_{0.8}O_{1.9}$ 和 $La_{0.2}Ce_{0.8}O_{1.9}$ 的混合层。

其他类钙钛矿结构如双层钙钛矿和 RP 基材料由于在还原气氛下其高电压稳定性和提升的性能，也广泛用作氧电极材料。

3.2.3 阳极材料的老化衰减

SOEC 由于具有较高的电解效率和操作灵活性，在清洁能源基础设施中占有非常突出的地位。然而，在高温、大电流、强氧化环境条件下实际运行时，材料内部及阳极/电解质界面上能够观察到脱层、阳离子扩散和有害第二相形成所引起的性能退化。

（1）脱层

发生在阳极的一个主要退化现象是：阳极和电解质界面脱层。特别是对于 LSM 基 SOEC 氧电极，脱层是严重的退化类型，使电解电压升高，电池性能快速衰减。这种现象的产生主要归因于 SOEC 氧电极/电解质界面处的高氧分压，LSM 晶粒的局部解体，电极/电解质界面处纳米颗粒的形成，以及氧电极跟电解质的结合力不强等的影响。

首先从电化学的角度看，YSZ 和 LSM 离子电导率的差异会引起近阳极/电解质界面、电解质内或电极闭孔内的高氧分压，最终导致了氧电极的脱层。另外，LSM 晶粒的局部解体，以及电极/电解质界面处纳米颗粒的形成也会引起阳极脱层。例如，氧从电解质迁移或 LSM 晶粒的掺入会造成 LSM 晶格的收缩，因此形成局部拉应变，导致微裂纹和阳极/电解质界面的颗粒。因此，提高 SOEC 阳极耐久性的关键是减小近界面的氧分压。制定减缓策略背后的原则是降低阳极过电位：要么减小活性过电位，要么减小浓差极化。方法包括浸渍活性纳米颗粒，开发新材料，提高气体传输，稳定的活性功能层等。最新研究发现，电解和燃料电池模式间的可逆循环能够完全消除运行过程中的退化，值得借鉴[8]。

此外，因为传统 SOEC 多为燃料电极支撑，燃料电极和电解质高温共烧（>1000 ℃），氧电极是通过丝网印刷或湿粉末喷涂方法制备在电解质上，然后进行烧结，受烧结温度的限制，燃料电极跟电解质的结合力不强。有研究者采用氧电极骨架和电解质共烧的方法提高氧电极与电解质的结合力，但是需要浸渍法制备氧电极，不仅需要多步完成，而且电极微结构可控性和稳定性差。也有报道采用共烧氧电极前驱物和电解质的方法，但是没有电池性能的报道。由于氧电极材料在高的共烧温度容易烧结，造成电极孔隙率低，氧气释放慢，实际应用效果还需要进一步的研究验证。

（2）阳离子扩散

由于 Sr 和 Co 的灵活性，LSCF 阳极在高温经历严重的相互扩散，是 LSCF 电极的主要退化现象。

（3）有害第二相

电解池堆高温长期运行，连接体材料中的铬高价化合物会导致阳极中毒和 TPB 结构破坏，极化电阻明显增加，也是阳极衰减失效的重要原因，需尽量避免 Cr 基连接体的使用。

此外，LSM 阳极还能够观察到硼和硫的毒化效应，形成有害第二相。例如，电解过程中，LSM/YSZ 界面区域优先发生硼沉积，挥发性硼物质的出现极大地降解了电极的 OER 活性，削弱 LSM 阳极的化学稳定性和微结构，导致镧硼酸盐和氧化锰的形成，加速脱层。而硫毒化主要发生在 LSM/YSZ 界面和 LSM 电极的内层，导致 $SrSO_4$ 的形成。

LSCF 基 SOEC 在 SOEC 运行过程中也会退化。当 SOEC 在高电流（或高极化）条件下运行时，La 被驱使与 Zr 反应形成绝缘 $La_2Zr_2O_7$ 相，伴随脱层。通常 GDC 阻挡层会插在 YSZ 电解质和 LSCF 阳极之间，以防止有害相的形成。

3.3
SOEC 阴极材料

3.3.1 阴极材料的基本要求

SOEC 阴极是氢气产生的场所，电极反应为析氢反应 (hydrogen evolution reaction, OER)，又称为氢电极。

$$2H^+ + 2e^- \longrightarrow H_2$$

目前 SOEC 阴极在材料选择上都是沿用研究较为成熟的高温 SOFC 的技术。但是需要注意的是当模式转换成 SOEC 时，以 O-SOEC 为例，两者之间最大的不同是阴极所处环境变为特殊的高温高湿环境。阴极氧分压通常为 $10^{-17} \sim 10^{-12}$ kPa，远高于 H_2，但仍然比阳极低，电极中的活性成分容易被氧化，由此增大氢电极的电荷转移阻抗，使得电池的综合性能下降。此外，H_2O 的扩散能力较 H_2 弱，还会进一步增加电极的浓差极化阻抗。因此，除了满足 SOEC 一般电极材料的要求外，阴极材料需要满足以下要求：

① 在强氧化气氛下的稳定性；

② 耐水蒸气腐蚀的性能；

③ 良好的电子电导率和较高的氧离子电导率，以保证电子与氧离子的传输；

④ 较高的孔隙率、多孔结构可以保证电解所需水蒸气的供应及氢气产物的排出，同时提供电子从电解质/阴极界面到连接体材料的传输路径；

⑤ 对水蒸气的分解反应具有较好的催化活性，降低过电势；

⑥ 与电解质的热胀系数匹配，且不发生化学反应。

此外，如果 SOEC 应用于电解 CO_2 或者 CO_2/H_2O 混合气，阴极材料还应该具有：

① 较好的 CO_2 分解或 CO_2/H_2O 共电解催化活性；

② 防积碳能力。

3.3.2 阴极材料的种类

常用作 SOEC 阴极材料的主要有金属、金属-陶瓷、混合电导氧化物阴极。

（1）金属阴极

金属材料如 Pt、Fe、Co、Ni、Ti 等，可用于 SOEC。其中，贵金属如 Pt 具有高电催化活性。然而，Pt 的成本较高，且通常会与电解质反应，导致性能衰减，在工业 SOEC 中很少采用，但可用作微量添加剂。尽管非贵金属阴极如 Ni 有较好的性能，但仍有一些问题待解决。例如，金属阴极在还原气氛中有高原始活性，但金属颗粒团聚和再氧化成氧化物不能完全避免。氧化将降低电子电导率，可能会导致机械强度丧失。另外，因为主要反应仅发生在金属和电解质间的有限界面上，金属阴极的有限活性位点是另一个挑战。因此，金属阴极必须通过添加剂或部分稳定氧化物替代，以增强其长期氧化还原稳定性。

（2）金属-陶瓷阴极

为了增加燃料电极的反应界面，金属颗粒通常与固体电解质材料离子传导颗粒混合。这一类复合电极称为金属-陶瓷电极。金属-陶瓷阴极是混合离子和电子传导复合材料，会形成连续连接的 TPB。相比于金属阴极，活性位点的数量显著增加，电解效率提高。

镍基陶瓷多孔电极材料是目前广泛应用的 SOEC 阴极材料，特别是传统的镍-钇稳定的氧化锆（Ni-yttria-stabilized zirconia，Ni-YSZ）陶瓷复合材料。它们由 NiO 和 Y_2O_3 稳定的 ZrO_2（YSZ）组成。经还原之后，Ni 和 YSZ 两相形成三维互联渗透路径。高温下 Ni 不但是重整催化反应和氢电化学氧化反应的良好催化剂，而且 Ni 的成本相对 Co、Pt、Pd 等较低，具有经济性，可提供电子导电性和催化活性。YSZ 作为 Ni 的骨架，起到结构支撑的作用，改善热相容性，同时能够传导氧离子，拓宽了 TPB。Ni 和 YSZ 在很宽的温度范围内并不互相融合或相互作用，经过处理后形成很好的微观结构，可以使材料在较长时间保持稳定。Ni-YSZ 金属陶瓷的性能和力学性质依赖于 Ni 和 YSZ 的组成、微结构和分散性。其他镍基金属-陶瓷阴极，如 Ni-SDC，也有研究。SDC 本身是氧离子导体，在阴极的还原气氛下部分 Ce^{4+} 被还原成 Ce^{3+} 而使材料产生电子导电性，从而增大了有效反应区，表面附着的具有高催化活性的纳米级 Ni 颗粒可激活电极反应，再结合 SDC 的高电导率，该电极体系可在较低的运行温度（700～900 ℃）下表现出较好的性能。

尽管金属-氧化物金属陶瓷阴极在高温展现高活性，一些缺点也存在。例如，现有的 Ni-YSZ 多孔金属陶瓷的气孔结构和孔隙率的均匀性和可控性较差、氧化还原稳定性差、低温下离子电导率低、高温下 Ni 颗粒团聚、Ni 高温挥发、易受多种杂质元素影响导致电池性能下降，以及金属 Ni 易被水蒸气氧化成 NiO 而失去活性，导致电极的失效等。

（3）混合电导氧化物阴极

具有混合导电性的氧化物材料被用作阴极，可以避免高温氧化和长期团聚。其中，钙钛矿$(La_{0.75}Sr_{0.25})_{0.95}Cr_{0.5}Mn_{0.5}O_{3 \delta}$（LSCM）是一种活性且氧化还原稳定的材料，在有或没有还原性气体的环境里，都展现了增强的极化和良好的稳定性。但 LSCM 的 P 型传导机制在高电压下对减小极化电阻是不利的。相较而言，钙钛矿 $La_xSr_{1 x}TiO_{3+\delta}$（LSTO）具有典型的 N 型传导行为，施加电压会导致阴极处的还原条件，因此增强了电导性和阴极性能。另外，双层钙钛矿 $Sr_2Fe_{1.5}Mo_{0.5}O_{6 \delta}$（SFM）阴极在还原和氧化条件下都有好的氧化还原稳定性，以及高混合电导率。浸渍 $Gd_{0.2}Ce_{0.8}O_{1.9}$（GDC）纳米颗粒获得 GDC-SFM 复合阴极，有效增强了 SOEC 的 CO_2 电解性能。双层钙钛矿 $Sr_{0.7}FeNbO_6$（SFN）也是一种 N 型导体，展现相当的 H_2O 电解阴极性能。层状尖晶石 FeV_2O_4 与不锈钢连接体的尖晶石保护膜兼容，具有增强的 H_2O 电解阴极性能。$NbTi_{0.5}Ni_{0.5}O_4$ 氧化物能够逆向转化为 Ni 锚定的电子传导复合物 $Ni\text{-}Nb_{1.33}Ti_{0.67}O_4$ 金属陶瓷。采用该阴极的 SOEC 提高了 H_2O 电解和热及氧化还原循环性能。$Ce_{0.8}Gd_{0.2 \delta}\text{-}CoFe_2O_4$ 中 Gd 掺杂 CeO_2 生成了足够氧空位，增强了复合电极晶界的离子电导率，因此提高了电化学性能。$BaZr_{0.1}Ce_{0.7}Y_{0.2 x}Yb_xO_{3 \delta}$ 也是混合导体，允许快速的质子和氧离子传输。该材料合理的电子电导率使其能成为阴极骨架，以供催化剂浸渍。一种氧化还原稳定的陶瓷阴极能够减少或完全避免安全气体的使用。

3.3.3 阴极材料的制备方法

如 3.3.2 中描述的，Ni-YSZ 氢电极的性能主要取决于电极的微观结构和 Ni 与 YSZ 在电极中的分布情况，而这又取决于 NiO 和 YSZ 的颗粒性质和制备过程。目前常用的 NiO-YSZ 复合粉体制备方法一般为机械混合法和液相法。机械混合法是直接将 NiO 和 YSZ 两种粉体球磨混合，虽然制备简单，但是存在 NiO 和 YSZ 之间结合差、分散不均匀、易引入杂质等缺点。液相法包括共沉淀法、溶胶-凝胶法、缓冲溶液法等，这些方法虽然可以制备出精细、均匀的 NiO-YSZ 复合粉体，但是制备时需要在同种溶液中沉淀多种金属离子，合成条件不易控制，存在产物化学计量比不准确和易出现金属离子偏析等缺点。

2009 年 2 月，清华大学梁明德等人公开了一种 SOEC NiO-YSZ 氢电极粉体的制备方法，该方法以硝酸镍为镍源，氨水为沉淀剂，YSZ 粉作复合粉体的核心，通过搅拌速度、超声波处理、溶液 pH 值和滴加速度等条件的优化控制，在 YSZ 颗粒上沉积 $Ni(OH)_2$ 并将 YSZ 包裹，再经过熟化、过滤、清洗、烘干等处理，最后经焙烧在 YSZ 粉体上生成 NiO，制得高性能 SOEC NiO-YSZ 氢电极复合粉体。该方法具有 NiO 和 YSZ 颗粒间附着性好、分散均匀、催化活性强、操作简单等优点。但是，此项发明中为了保证 NiO 的颗粒精细，镍的沉积反应需要在较高的过饱和度下进行，而当溶液的

pH 值过高时，氨水会与镍离子络合产生 $[Ni(NH_3)_6]^{2+}$，使得沉淀出来的 $Ni(OH)_2$ 溶解，降低 NiO 产率，也使得复合粉体中 NiO 和 YSZ 质量比不易精确控制。此外，常用的滴加沉淀剂的沉淀过程由于溶液中物质浓度不均，并且沉淀的生成速率快，容易造成沉淀颗粒的粒径分布较宽。

3.3.4 阴极材料的老化衰减

Ni-YSZ 金属陶瓷由于具备电子电导率高、催化能力强、与电池其他组分力学和化学性能相兼容等优点，被认为是适用于纯氢燃料的最佳氢电极。但是，从 SOFC 转变到 SOEC 的过程中，氢电极所处环境由强还原性气氛变为高温、高湿气氛，这对氢电极的耐候性提出了更高的要求。丹麦 Riso 国际实验室的研究表明，在 SOFC 模式下利用成熟的 Ni-YSZ/YSZ/LSM 电堆运行 1500 h，电池的极化电阻没有明显改变，但是在 SOEC 模式下运行 90 h，其极化电阻增加为原来的 3 倍多，电池性能衰减迅速。

目前，普遍认为电极微结构的不稳定性是导致电池性能衰减的主要原因，对于 Ni-YSZ 氢电极尤其如此。Ni-YSZ 金属陶瓷的性能和力学性质依赖于 Ni 和 YSZ 的组成、微结构和分散性。为了提高氢电极的性能，Ni-YSZ 在微结构上应当尽量精细，以增加 TPB 的数量。但是，在高温下 Ni-YSZ 金属陶瓷容易烧结，其中 Ni 颗粒趋向于降低比表面能而发生团聚，导致电池性能衰减。尽管电极中 YSZ 作为支撑骨架具有抑制 Ni 颗粒团聚、粗化的作用，但是金属和陶瓷材料之间润湿性较差（Ni 和 YSZ 在 1500 ℃时接触角是 117°），当 Ni 颗粒较小时，其团聚、粗化现象还是很严重的。氧化物纳米颗粒的浸渍被报道能有效处理粗化和团聚。浸渍通常采用 Sm 掺杂 CeO_2（SDC）和 Gd 掺杂 CeO_2（GDC）纳米颗粒，是一种提高阴极性能和耐久性简单且有效的方法。采用阴极电化学沉积（CELD）法，也能获得包覆纳米结构 SDC 的 Ni 表面层。

除了团聚之外，Ni 在电解水过程中还会发生自阴极/电解质界面迁移以及 Ni 氧化成 NiO 的现象，造成界面 Ni 损耗。界面处 Ni 的损耗严重减少了阴极侧 TPB 密度，减少了电子传导，增加了电解质厚度，因此导致较大的性能退化。此外，Ni 的迁移也会形成更厚的电解质层，降低离子电导率。关于 Ni 迁移的潜在机制，目前还没有定论。一种可能的解释是，水能够与阴极中的 Ni 反应，以形成多种挥发性物质，如 $Ni(OH)_2$。这些物质扩散，会进一步沉积到 YSZ 表面。另外，为了防止 Ni 氧化，人们会在反应气中伴有还原性气体（如 H_2 或 CO），也称安全气。但需注意这一操作不仅增加了运营成本和 SOEC 电堆的复杂性，同时还原气也会增加电池开路电压，最终导致电解过程中用于克服电势的功率增加。因此，需要在实际应用中对气体组分进行优化计算和验证。

另外，杂质也是造成阴极材料老化衰减的一个重要因素。例如，入口气体流内的杂质硫 S 会影响 Ni/YSZ 电极的稳定性。S 的物理吸附会阻断活性位点, S 的化学反应会形成硫化镍。与阳极材料相似, 连接体中的 Cr 也会毒化阴极材料。玻璃密封或原材料中来的杂质 Si 也会对 Ni 基阴极造成损伤。据报道, 硅沉积的可能机理是: ①在高湿度环境中, Si 从玻璃密封中以 $Si(OH)_4(g)$ 蒸发出来, 沉积在 TPB, 再转化为 $SiO_2(s)$; ②在高阴极极化条件下, Si 可能在 TPB 溶入 Ni 颗粒, 进一步因为 850 ℃时 Si 在 Ni 中的溶解极限是 14%（摩尔分数）; ③当气氛的氧化足够强时, 溶解的 Si 在后期可以被再氧化成 $SiO_2(s)$。

在 CO_2 电解或共电解时, Ni 基阴极邻近界面处遭受积碳是 Ni 基阴极的一个重要潜在问题。例如不加 H_2O 电解 CO_2 时, Ni 催化含碳气体, 最终在 Ni 基燃料电极上积碳。碳的形成不仅会减少电解反应活性位点的数量, 更重要的是电极内压力增加, 使电极破裂, 降低电池性能。与纯 CO_2 电解相比, 当在大气压和低转换的共电解条件下, 积碳几乎不严重, 因为蒸汽的添加会抑制碳形成。但当压力增加且转换率高时, 碳的性能也可能是一个问题。另外, 由于 CO_2 是直线形分子, 缺乏极性, 会使电极材料对 CO_2 的吸附能力很差, 较难进行进一步的电化学反应, 导致转化率较难提升, 电池的电解性能较差。因此, 开发具有高 CO_2 电解活性且抗积碳的新型阴极材料, 具有重要意义。

3.4
SOEC 电解质

3.4.1 电解质特性

相对于氢电极和氧电极, 电解模式的改变对固体氧化物电解质的影响不大。电解质的主要作用是隔开氧化和还原气体, 并且传导氧离子或质子, 阻隔电子电导。因此, 电解质一般应具备以下特性:
① 高度的致密性;
② 高温及氧化和还原气氛中保持结构和化学稳定;
③ 具有高的离子或质子电导率;
④ 可忽略的电子电导;
⑤ 具有一定的机械强度。
由于 SOEC 的欧姆电阻主要来自电解质, 为了降低电解过程中的电能损耗, 制备过程中应使电解质层尽可能薄, 以减小电解质电阻。但电解质层薄, 会牺牲一部分机

械强度，且运行过程中容易被击穿，增加电解池由短路带来的损耗。因此，需要综合考虑多方面因素获得优质的 SOEC 电解质。

3.4.2 电解质类型

如 3.1.2 中所描述，电解质按传导离子类型分为：氧离子传导型电解质和质子传导型电解质。

（1）氧离子传导型电解质

SOEC 电解质材料大多采用氧离子导体，候选的包括典型 ZrO_2 基、CeO_2 基和 $LaGaO_3$ 基电解质。目前应用最普遍的是钇稳定的氧化锆（yttria stabilized zirconia，YSZ）。YSZ 是一种具有萤石型结构的氧化物，它在高温（800～1000 ℃）时具有优异的机械强度、热化学稳定性和较好的离子导电性。YSZ 基电解质的长时间电解操作被证实可以长达千小时。电解过程中的钝化不依赖于 YSZ 电解质，退化主要是在阴极和阳极。然而，在低于 700 ℃时，YSZ 基电解质的高电阻限制了它们的电解性能。一个有潜力的替代品是氧化钪稳定的氧化锆（scandia stabilized zirconia，ScSZ），基于 ScSZ 电解质的 SOEC 的电流密度大约是 YSZ 基电解质的 2 倍，具备比 YSZ 更高的氧离子电导率。Idaho 国家实验室在高温蒸汽电解（high temperature steam electrolysis，HTSE）方面的研究就采用这种材料。但需要注意的是 ScSZ 价格较贵，且 Sc 的小尺寸将导致杂质相中的扩散和分离，会导致其应用受限。

稀土或碱土金属掺杂的 CeO_2 基电解质材料是另一类研究较多的电解质材料。CeO_2 与 YSZ 一样是具有萤石型结构的氧化物，以稀土金属氧化物（La_2O_3、Gd_2O_3、Sm_2O_3、Y_2O_3 等）以适当的浓度掺杂引入氧离子空位后，CeO_2 离子电导率显著提高，成为氧离子的良导体。但是该类材料在高温条件下会产生电子电导，适用的温度范围一般在 800 ℃下，可以应用于中低温 SOEC。据报道，CeO_2 基电解质 SOEC 的开路电压远低于其理论值，表明在 SOEC 运行条件下混合离子-电子传导的存在。电解将部分还原 Ce^{4+} 到 Ce^{3+}，导致电解质中的电子传导和电流效率降低。双层 YSZ/GDC 基电解质显示比 CeO_2 基电解质更高的性能，是因为与纯 YSZ 相比内部电阻降低，与氧化铈相比电子传导降低。

其他电解质材料还有 $LaGaO_3$ 基材料。$LaGaO_3$ 基材料，通常是含 Sr 在 La 位掺杂和 Mg 在 Ga 位掺杂，具有高离子电导率和高 O^{2-} 离子转移数，也能成为有潜力的中温电解质。但在高温下稳定性较差，离实际应用还有较大距离。另外，尽管 $LaGaO_3$ 基电解质子在中温区显示出了非凡的电解性能，仍然需要进一步研究优化这些电解质的制造和配置，以维持在高电压还原气氛中的稳定性。

（2）质子传导型电解质

除了氧离子电解质，氢离子（质子）传导材料也可用作 SOEC 的电解质。其中高温质子传导氧化物主要是 $ABO_{3-\delta}$ 型钙钛矿材料,主要基于 $SrCeO_3$、$BaCeO_3$ 和 $BaZrO_3$。特别地,为了获得质子传导能力,$ABO_{3-\delta}$ 中一部分的 B 原子会由三价氧离子如 Y、Yb、Nd 等替代,导致氧空位的形成,促进水蒸气吸收。

近年来研究最多的 H-SOEC 电解质材料是立方型钙钛矿 $BaCeO_3$-$BaZrO_3$ 材料体系。$BaCeO_3$ 基电解质材料具有高质子导电性、良好的烧结性和易加工性,但其在 H_2O 和 CO_2 中的化学稳定性限制了其实际应用;而 $BaZrO_3$ 显示出优异的化学稳定性,克服了 $BaCeO_3$ 基电解质材料的缺点,所以研究集中于解决其烧结活性差、高晶界电阻和薄膜化困难等问题。Y 掺杂的二者固溶体 $BaCeO_3$-$BaZrO_3$(BCZY)电解质则兼顾了 $BaCeO_3$ 的高导电性和 $BaZrO_3$ 的良好的化学稳定性,是目前 H-SOEC 应用的最佳候选电解质之一。另外,质子传导还可以发生在 Y 掺杂锆酸钡 $BaZr_{0.85}Y_{0.15}O_{2.925}$,因为用 Y^{3+} 替代 Zr^{4+} 会在晶体中形成氧空位,这些空位可以吸收水蒸气。如果材料完全被 H_2O 饱和,它会变成 $BaZr_{0.85}Y_{0.15}H_{0.15}O_3$。水中的质子会以每一个氧上均匀分布一个质子($H^+$),即在晶体中形成 OH^-。由此质子可以通过热激活从一个 O^{2-} "自由"跃迁到另一个。

尽管过去一段时间里,关于质子传导型电解质的研究取得了重大进展,研究总结得到的一些电解池性能也很可观,解决了 H-SOEC 中的极化损失问题,但烧结特性及低温下的长期稳定性仍然具有一定的挑战。因此,基于 H-SOEC 技术仍处于研发阶段,需继续借鉴质子传导型电解质在 SOFC 上研究出的最佳性能成果,将其应用在 SOEC 上。从长远角度来看,仍需要针对最有希望应用的 BCZY 系列电解质进行逐步详尽且有条理的长期研究。

3.4.3 电解质烧结

薄膜化是降低电解质欧姆极化的有效方法。理想的电解质薄膜制备方法应该具备以下四个方面的特征:

① 制得的电解质结构致密,厚度薄且具有一定的机械强度;

② 工艺可操作性强,重复性好;

③ 成膜效率高,成本低;

④ 可规模化,适合商业生产。

以应用最普遍的 YSZ 为例。目前 YSZ 电解质薄膜的制备方法很多,按其成膜原理可以分为陶瓷粉末法、化学法和物理法。其中陶瓷粉末法包括流延成型法(tape casting)、浆料涂覆法(slurry coating)、丝网印刷法(screen printing)、电泳沉积法(electrophoretic deposition, EPD)、轧膜成型法(tape calendering)和干压法(dry pressing process)等。化学法包括化学气相沉积法(chemical vapor deposition, CVD)、原子层沉积法(atomic layer deoposition, ALD)、溶胶-凝胶法(Sol-gel)和喷雾热解法(spray pyrolysis method）等。物理法包括溅射涂层法（sputtering technique）、脉冲激光沉积（pulsed laser deposition technique，PLD）和等离子喷涂法（plasma spraying）等。

每种制备方法都各有优缺点。其中，陶瓷粉末法由于设备简单，制膜成本较低。但是电池和电解池在制备过程中需多次烧结。这样会带来两个问题。一方面，电解质的一个重要作用是分隔氧化、还原气体，其结构必须完全致密。在使用丝网印刷、流延成型等湿陶瓷粉末法制备 YSZ 电解质薄膜时，排胶过程中有机物被烧除后在电解质中遗留大量的孔隙。为了获得致密的电解质，需要通过高温烧结来将这些孔隙弥合。但是，烧结温度过高会引起 SOEC 性能下降，并且在 SOEC 面积放大之后，光靠高温烧结很难保证 YSZ 电解质薄膜致密。另一方面，在光滑、致密的电解质表面制备氧电极，不仅电极的有效活性面积小，还容易造成电解质和氧电极之间连接强度不佳，SOEC 长期运行后电解质/氧电极界面容易恶化。因此，如何降低 YSZ 电解质的烧结温度，实现电极和电解质一次烧结成型也是一个重要的课题。电解质经过高温烧结后，再在其上制备 LSM-YSZ 氧电极。

3.5
SOEC 连接体

3.5.1　连接体及其分类

为了提高单电池 SOEC 系统的功率输出，必须增加电池活性面积。然而，简单地增加单电池面积，会有诸多限制。例如难以控制横跨大电池面积的温度均一性，制造面积大且低成本的陶瓷薄膜具有挑战性。为了解决功率问题，通常将多个单电池组装成电堆。而大型电堆中，必须要用到连接体材料。

连接体又称为双极板，主要有三种作用：一是在电池单元间起连接和导电作用；二是将阴极侧的被电解气体、燃料气体与阳极侧的氧化气体隔离开；三是对电堆结构具有一定的支撑作用。因此，对连接体材料的基本要求是：

① 导电；
② 气密性好；
③ 有一定的机械强度；
④ 在还原和氧化环境中保持化学稳定；
⑤ O^{2-} 离子电导性应尽量低；
⑥ 良好的热传导性能，且其热胀系数能够与电池其他组件的热胀性能相匹配；

⑦ 加工成本低。

依据所使用材料的不同分类，SOEC 的连接体主要有陶瓷和金属两种。其中，陶瓷连接体常用材料是铬酸镧（LaCrO$_3$），金属连接体是不锈钢。

3.5.2　陶瓷连接体及其改性

管式电池只能采用陶瓷材料作为连接体。LaCrO$_3$ 因具备良好的电子电导和化学稳定性而被用作 SOEC 连接体达数十年。然而，LaCrO$_3$ 基陶瓷材料的烧结性能不佳，很难在 NiO-YSZ 阳极上通过共烧而达到致密。

为了提高 LaCrO$_3$ 的烧结性能，通常采用复杂而昂贵的技术手段，比如电化学气相沉积、等离子喷涂以及磁控溅射等方法，来制作连接体薄膜。比如：西门子-西屋公司采用等离子喷涂法，沿管轴线方向制备了宽 11 mm、厚 100 μm 的掺杂 LaCrO$_3$ 连接体条。这将使连接体的制造成本占到整个电堆的一半以上，严重阻碍了 SOEC 的商业化进展。

采用"液相辅助烧结机制"提高 LaCrO$_3$ 烧结性能，可以降低制造成本。该机制的核心是在 LaCrO$_3$ 粉末中加入少量的烧结助剂，比如添加 CaCrO$_4$。助烧结剂材料熔点较低，在烧结过程中会变成液体，从而填补在 LaCrO$_3$ 的缝隙中，进而提升连接体的致密度。但是这种方法不仅在连接体材料中引入了 CaCrO$_4$ 杂质，该杂质还会与 SOEC 的电解质 YSZ 发生反应生成绝缘的 CaZrO$_3$，造成连接体的导电性能变差。还需要进一步改进相关改性方法。

3.5.3　金属连接体及其改性

金属材料比陶瓷材料具有更好的导电（几乎没有极化现象，不受氧分压的影响）和导热性能，容易加工成复杂的形状，致密度高，价格低，成为目前研究较多的连接体材料。依据所用材料分类，金属连接体主要有 Cr 基合金、Ni 基合金和铁素体不锈钢三种。

（1）Ni 基合金

Ni 基合金具有良好的耐热性和抗氧化性，Ni-Cr 系合金高温氧化后生成 NiO、Cr$_2$O$_3$ 和锰铬镍氧化物，能够显著降低氧的外扩散，从而提高 Ni 基合金的抗氧化性能。Ni 基合金的主要问题在于热胀系数过大，与 SOEC 其他组元不匹配，如电解质 YSZ 大很多，在电池启动与停止的热循环过程中，易造成电解质损坏。

（2）Cr 基合金

Cr 基合金的热胀系数能够与 SOEC 其他组元匹配，力学稳定性良好，高温下能

够生成稳定的 Cr_2O_3，具有良好的抗氧化性能。Cr 基合金的主要问题在于成本高，不易加工，长期工作特别是温度高于 750 ℃时，Cr 的外扩散速率显著增加，使得氧化膜的生长速率加大，降低电池性能。为了降低膜生长速率，可以通过在 Cr 基合金里添加稀土元素 Y、La、Ce 或其氧化物，进行氧化物弥散强化，以增加 Cr_2O_3 在合金表面的黏附性。

（3）铁素体不锈钢

铁素体不锈钢是一种含 Cr 的 Fe 基体心立方结构合金，在 800 ℃左右时，热胀系数和 YSZ 相近，且制造工艺简单。与 Ni 基合金和 Cr 基合金相比，铁素体不锈钢具有更强的化学稳定性，制造成本更低，气密性良好，易于加工等优势，成为最近最受欢迎的金属连接体材料。常见的铁素体不锈钢有 E-brite（Fe-26Cr）、ZMZ232（Fe-22Cr）、SUS430（Fe-16Cr）、SS441、AL29-4C（Fe-27Cr）、ANSI430（Fe-17Cr）等。铁素体不锈钢材料的主要问题是长期处在高温并且暴露在氢、氧环境下，除了本身所含 Cr 元素会扩散污染氧电极表面外，自身的氧化（氧电极侧）会导致电导率下降，碳的析出（氢电极侧）也会使材料脆裂而失去强度。

除连接体本身遇到问题以外，含 Cr 的合金对于电极材料还有一个共性问题，就是"Cr 中毒"。高温下，合金连接体中的 Cr 被氧化，在其表面形成 Cr_2O_3。在 SOEC 中，阴极环境水蒸气含量大，Cr_2O_3 进一步氧化为 CrO_3 及其氢氧化物 $CrO_2(OH)_2$。在工作温度下，蒸气压在空气中更高，这些化合物在挥发过程中会在 SOEC 阳极表面重新生成 Cr_2O_3，造成 Cr_2O_3 在电极表面沉积，降低表面活性，加大浓差极化和电化学极化，最终导致电堆性能衰减。目前，主要采用在合金表面施加保护涂层的方法来改善 Cr 的外扩散问题。基于连接体的工作环境，涂层材料需满足以下要求：①具有良好的导电性能，以降低接触电阻；②降低金属基体的氧化速率，提高耐氧化性能；③能够阻止 Cr 的外扩散，防止 Cr 对阴极的毒化；④热胀系数能够与金属基体匹配，防止热循环过程中涂层从基体脱落；⑤涂层材料在 SOEC 的运行气氛下化学稳定，并与电极材料化学兼容。

3.6
SOEC 电芯及电池堆

3.6.1 SOEC 分类

根据几何构型划分，目前国际国内主流的 SOEC 有管式、平板式和扁管式三种基本结构。尽管采用这三种技术的电池在外观上有较大差异，但其核心功能结构和工作原理是相似的，都包括氢电极、氧电极、电解质、流道以及连接体五大部分。管式SOEC中电极和固态电解质均绕着圆柱面覆盖，平板式SOEC中固态电解质和电极都做成平面形状。两者最大的区别在于收集电流传导方向是垂直于电解质薄膜方向，还是平行于电解质薄膜方向。管式无需密封，但电流路径较长；平板式电流路径小，但密封较难。而扁管式SOEC结合了平板式和管式SOEC的设计，既保留了管式一定的密封性能，又改善了电流收集路径。

在实际应用中，需要将多个单电池通过串并联形成电池堆，以达到更大的功率以及电压。而采用不同技术的电池在具有不同几何外形的同时亦具有不同的组堆方式，各技术具有自身的明显特点，将在后续章节中具体讨论。

3.6.2　管式 SOEC

最早用于高温电解制氢研究的是管式构造的 SOEC。管式电池在结构上是一端封闭、一端开放的圆管。氧电极、氢电极分别位于管的内外壁。相比于平板式电池，管式电池由于只有一端是开放的，且在使用时，开放端的温度较低，因此在密封上不存在技术难度。另外，管式电池相比于平板式电池还具有更好的热应力耐受性、性能稳定性及寿命。目前国际上采用管式电池技术路线的公司主要是美国的西门子-西屋公司和日本的三菱、日立公司，以及采用微管式结构的美国 Watt 和美国 Adaptive Energy 等公司。管式 SOEC 存在如下缺点：

① 相较于平板式 SOEC，电流路径较长，阴极侧电流收集较为困难；

② 管式电池的外形是一个圆管，在制造工艺上难度较大，单管电池的成型精度较低，高温条件下电极无法紧密贴合，制造成本高；

③ 电池制备时，单体管式电池的各部件在曲面构型下是很难做到几何尺寸变化一致（通常为素胚收缩一致），由此导致管式 SOEC 单体电池几何尺寸一致性差，电池内残留应力较大，影响成品率和电池性能的稳定性。此外，也难以保证各圆管之间接触良好，致使组堆难度增加；

④ 单体电池组堆时，其内电极需要有中间通路连接到其他单体电池的内（并联时）或外电极（串联时）。该中间通路需要穿过电解质，有时也称连接板。在通常的管式电池中，连接通路沿整个（或大部分）内电极的轴向分布，覆盖一部分内电极。这种中间通路设计的管式电池结构复杂，电解质和中间通路间密封困难，容易漏气导致电池失效；

⑤ 把各单体电池的内外电极互相连接组成电池堆的结构复杂，整个管式 SOEC 电池堆的电流阻力大，电流密度/功率密度一般较低；

⑥ 如同平板式 SOEC 堆，在一个管式 SOEC 堆内，如果一个单体电池失效，

因为无法保证新电池和其他电池的接触良好，也不能实现高温条件下的故障电池替换，故而单体电池的失效会导致整堆电池不可修复性的性能下降，甚至可能导致整堆失效；

⑦ 加工成本昂贵。

3.6.3　平板式 SOEC

平板式 SOEC 由氧电极、氢电极和电解质三个部分堆叠形成，电堆则由多个平板式电池与连接体堆叠成型。堆结构通常由 SOEC 元件、密封环和连接体等依次连接实现，整个堆置于高温环境中。密封环一般由玻璃或金属（如金、银等）制备、连接体材料通常为耐高温合金。合金连接板通常还需要在表面喷涂导电抗氧化涂层，以增强高温条件下的抗氧化能力，减小电堆电阻损失。由于平板式电池是平面结构，电流通过的面积大、结构紧凑，因此具有形状平直规整、电流路径短、功率密度相对较大、组堆容易等优点。目前国际上采用平板式电池技术路线的公司主要有美国 Bloom Energy、德国 Sunfire、意大利 Solidpower、芬兰 Eclogen 和丹麦 Topsoe 等。平板式 SOEC 存在如下缺点。

（1）烧结难度高

平板式电池通常由不同烧结特性的固体材料（如陶瓷电解质和金属-陶瓷电极）共烧而成，要实现电池的几何平整存在明显的技术难度。若使用存在弯曲的电池进行装堆，堆芯单元容易因为受力不均而破裂，电池和连接板间的接触电阻也容易放大。如果电池内部的各层状结构由于精密调配不到位，残余应力没有消除，电池在存储或使用过程中将可能出现电解质破裂或整体几何变形，进而导致整堆失效。

（2）密封环可靠性不高

密封环既需要保证气密，又必须耐热循环，具有一定的机械强度和柔韧性，还必须和合金连接板以及电池片的热胀系数接近（热膨胀匹配，要求密封环在环境温度变化的情况下和密封件的尺寸变化保持一致），无论是玻璃或是金属密封环都很难同时实现这些性能要求。比如玻璃密封环通常很脆弱，在组堆和热循环操作中非常容易断裂失效。

（3）组堆成本高

由于各组堆元件均需单独制作，技术要求高（如各元件的平整度、强度、韧性、抗氧化性、热膨胀匹配性都有较高要求），平板式 SOEC 组堆成本通常较高，也限制其实际应用。

（4）启停慢

平板式电堆要在高温条件下（包括热循环过程中）实现各元件组成堆，包括电池（陶瓷材料）、密封件（玻璃材料）、连接板（金属材料）的可靠连接，组堆难度非常大，即便勉强实现，整堆可接受的升降温速度（即启停机）也很慢，通常在10 h以上，这样极大地限制了电堆的使用。

（5）不可替换

平板式SOEC堆各单体电池的连接方式为串联，并且密封环为一次性元件，平板式SOEC堆一经热处理（即密封环和密封件在高温，如750 ℃下融合实现密封后），组建各元件，包括各单体电池和连接板即不能再替换，因此整堆中任何一个元件失效都会导致整堆失效，极大地增大了实际使用一个平板式SOEC堆的风险，显著增加了使用成本。

（6）生产要求高

在现有的电池堆生产技术中，电池堆在生产和测试的过程中，堆的高度会发生变化，电池堆生产装置需要根据温度变化适时调整压力大小，而电池堆生产装置在生产和测试过程中经常会引起电池单元堆叠的侧偏，从而造成电池单元堆叠不均匀，电池堆的密封性差等缺陷，最终导致电池堆烧制的成功率较低，电池堆性能下降，寿命缩短甚至报废。

3.6.4　扁管式SOEC

为了在管式电池结构的基础上进一步提升功率密度，扁管式的结构设计应运而生。与管式电池类似，扁管式电池工作时，每个气室都有物料气流通过，同时其开放端口温度较低、密封相对容易，热应力耐受性同样优于平板式电池；并且，由于扁平外形和气道内分隔导体的设计，扁管式电池的内电阻和成堆电阻更小，可以实现更高的功率密度。综上，平管式结构结合了平板式结构集流面积大、电阻小和管式结构的容易密封、稳定性好、寿命长的优点，是极具潜力的SOEC结构。目前国际上采用扁管式电池技术路线的公司主要是日本京瓷。扁管式SOEC存在如下缺点。

① 与管式SOEC相似，电流收集问题仍然存在。

② 为提高单体电池功率，必须增大电池的电极面积，也就必须增加气道的宽度。然而，随着气道宽度的增加，扁管电池的强度下降，电解质容易破裂，电池制备的成品率也随之下降。

③ 扁管电池的一些制备工艺步骤和使用都需要在高温条件下进行，比如电池的制备工艺步骤就包括高温烧结。在烧结过程中，电池素坯的各层状结构在热处理中不能做到同步尺寸变化，电池内部就会产生应力，当应力积累到一定程度时，电池整体结构就被破坏，比如电解质层破裂。这增大了电池结构保持完整的风险，降低了电池的成品率。

④ 现有的管式SOEC的支撑采用的是阳极支撑，通常为镍基金属陶瓷，成本较高且脆性较大，电导率不及金属，不利于电池的长期稳定运行，且现有的扁管式SOEC

功能层只覆盖扁管一面，体积功率密度不高。

3.7
扁管式 SOEC 的研究

3.7.1　单体电池制备工艺

相比扁管式 SOFC，扁管式 SOEC 的研究报道还较少。国外的研究团队主要有韩国能源技术研究所。他们选用 Ni-YSZ 电极支撑、YSZ 氢电极和 LSM 氧电极。Ni-YSZ 支撑体通过挤压法制备，随后将电解质层通过浸涂法涂敷在其上，最后通过喷涂法将 LSM 浆料敷在 YSZ 层上。

国内的研究团队也自主开发了多种扁管 SOEC 的制备工艺。例如，图 3-5 显示浙江臻泰能源有限公司的一种扁管 SOEC 电芯单体制备工艺，其主要步骤包括浆料配制、流延、叠层、裁切、烧结、丝网印刷和印刷结构烧结等。制备时需严格控制每一步的工艺条件，流延必须在洁净的环境中进行，其过程对温度、湿度、气流速度和空气杂质十分敏感。流延片必须具备足够高的固含量（质量分数≥90%），且其中不能出现气泡、裂缝、杂质和浆料分层。在叠层操作中，将各流延基片按一定次序叠加，加热并施加合适的压力使各基片熔合在一起。熔合后的基片按照需要的尺寸被切割成单个电池生坯。烧结过程分为脱脂和高温烧结两个阶段，作用在于脱除流延基片中的有机物，并使其中的氧化物、金属等原料粉体致密地熔合烧结在一起。测试后使用丝网印刷机将设计好的电极、电路和各功能层印制在合格的半电池上并对印刷层进行烧结。

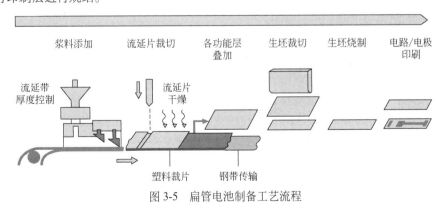

图 3-5　扁管电池制备工艺流程

3.7.2　单体电池设计及优化

扁管式 SOEC 电池至少有一路气体在内部的气道内流过，气道是由气道壁和电解质共同构成的、和外界隔离的气体通道。针对 3.6.4 节中提到的强度问题，可在气道内引入气道支架提供对电解质的支撑，带气道支架的电池结构提高了电池的整体强度，使得制备更大发电面积的单体电池成为可能。但在此结构中，气道壁和支架都和电解质直接相连，内电极被支架隔开，支架和电解质结合的部位由于没有内电极，不能发生电化学反应，因此整个电池损失了一部分发电面积。

此外，扁管电池的一些制备工艺步骤和使用都需要在高温条件下进行，比如电池的制备工艺步骤就包括高温烧结。在烧结过程中，电解质与气道壁、气道支架和隔板是一体烧制成型的。电池素坯的各层状结构在热处理中不能做到同步尺寸变化，电池内部就会产生应力，当应力积累到一定程度，电池整体结构就会被破坏，比如电解质层破裂。当气道壁、气道支架全部和电解质直接相连时，在电池素坯烧制过程中，气道壁、气道支架、气道填充物和电解质四者在外界温度变化时的尺寸变化必须基本一致，才能保证电池结构完整，这通常比较难实现，因此电池内部很难避免存在应力。内部积累的应力难以释放，将增大电池结构保持完整的风险，降低了电池的成品率。

为了解决上述技术问题，需要进一步优化电芯单体的结构设计。专利 CN 207651596U 提出了一种提高成品率和单电池功率的扁管固体氧化物电池结构：该电池含有多对电极，隔离结构由第一电解质、第二电解质、两面气道壁和隔板构成。两面气道壁和隔板构成的整体截面为 H 型，隔板将气道分隔为上下两部分：形成两条两端开口的气道；气道内沿隔离结构的纵向设有至少一条气道支架，气道支架不与电解质接触且与内电极抵接，气道支架将气道分隔为若干个处于同一水平面的分气道。电解质、气道壁、隔板和气道支架由同种材料或成分相近的材料组成，在加工时具有很高的成品率，制成的产品具有较高的功率[9]。

3.7.3　单体电池的充电性能

氢电极的湿度条件和生成的氢气分压会对 SOEC 电解水性能及耐久性产生影响。为了研究氢电极的气体组分对扁管式 SOEC 充电性能的影响，Kim 等采用不同气体组分条件对其扁管式 SOEC 进行了高温电解实验。结果显示，通过改变 $H_2:Ar:H_2O(g)$ 气流比例从 10:0:4 到 1:9:4，电池 OCV 会从 0.973 V 降低到 0.877 V，电荷转移电阻从 1.126 $\Omega \cdot cm^2$ 增加到 1.645 $\Omega \cdot cm$[10]。进一步，为了确定反应气水含量的极限，Kim 等还研究了扁管 SOEC 在高蒸汽流速下长期运行表现，研究蒸汽电极在极低 H_2 偏压时的氧化问题。结果显示短期内，水的电分解被刺激；然而，在长期运行时，Ni-YSZ

电极被破坏到灾难性的程度。因此，氢电极的气体组分在长程运行时必须被优化，在性能和耐久性之间做好权衡。

此外，中国科学院宁波材料技术与工程研究所官万兵团队还应用双面空气电极扁管式 SOEC，研究了该类电池在纯 CO_2 气氛中的长期稳定性。结果显示该结构电池在 1.305 V 电解电压且 0.4 A/cm^2 充电电流条件下，CO_2 转换率达 47.4%，能量转换效率达 91.4%，对应 210 mL/min 的 CO 生产率。电池可以在 750 ℃ 0.3 A/cm^2 电流密度下稳定运行 1910 h，退化率 4.89 %/kh。与传统电池相比，该 SOEC 具有显著增强的电解稳定性，为 CO_2 在极端环境中的电解应用提供了可能[11]。

3.7.4 电池堆的制备及优化

区别于单体电池，电池堆还需要考虑连接体材料及堆内流场分布的问题。关于连接体，韩国能源技术研究所在扁管式 SOEC 三电池电堆中采用了一体成型陶瓷连接体，减小了电堆体积，并消除金属组成。在三电池电堆测试中，氢气产率为 4.1 L/h，37.1 h 运行过程中总氢气产量为 144.32 L，电解效率 97.61%，高电解效率显示了潜在的商业可能性[12]。

关于堆内流场分布，需要研究人员对电堆进行建模，包括电流密度分布、温度、气体成分和系统效率，以提供电堆和系统性能的重要信息，指导设计优化用。此外，SOEC 最广泛的系统建模专注于合成气和合成燃料的生成与核能的结合。与其他能源的结合也得到研究，如氢气生成与地热的结合，以及 SOEC 与光伏和太阳能的结合，为了增加系统效率。目前，仅针对扁管式 SOEC 电堆的文献报道有限，有必要结合客观实验数据，建立 SOEC 电解电池的实用化多物理场模型，为电堆的优化控制提供了基础。

3.8
本章小结

采用 SOEC 电池的高温电解是现有水电解产氢方法的一种有潜力的替代方案。另外，由于这类装置的化学灵活性，它们被证实可以用于 CO_2 电解成 CO，也用于 H_2O/CO_2 共电解成 H_2/CO（合成气）。在本章，详细综述了 SOEC 阴极、阳极、电解质和连接体材料，以及 SOEC 的研究现状。该技术具有巨大潜力，但为了未来发展，也还有一些问题需要解决，例如对材料结构和电化学的深入理解、新型材料的开发，以及电堆或更大规模系统的优化设计等。

参考文献

[1] Ebbesen S D, Hauch A, Mogensen M B. High temperature electrolysis in alkaline cells, solid proton conducting cells, and solid oxide cells[J]. Chem. Rev., 2014, 114: 10697-10734.

[2] Spencer M. Empirical Heat Capacity Equations of Gases and Graphite[J]. Ind. Eng. Chem., 1948, 40(11): 2152-2154.

[3] 俞红梅，衣宝廉. 电解制氢与氢储能[J]. 中国工程科学，2018, 20(3).58-65.

[4] 中国科学技术大学占忠亮教授主页[EB]. ttps://mse.ustc.edu.cn/2019/0705/c3333a388668/page.htm.

[5] 德国 Sunfire 公司官网[EB]. https://www.sunfire.de/en/

[6] 美国 Bloom Energy 官网[EB]. https://www.bloomenergy.com/

[7] 丹麦 Haldor Topsoe 公司官网[EB]. https://www.topsoe.com/

[8] Graves C,Jensen S H, Simonsen S B, Mogens Bjerg Mogensen. Eliminating degradation in solid oxide electrochemical cells by reversible operation[J]. Nat. Mater., 2015, 14: 239-244.

[9] 胡强（2018）. 一种提高成品率和单电池功率的扁管固体氧化物电池结构[P]. 中国.

[10] Kim S-D, Dorai A K, Woo S-K. The effect of gas composition on the performance and durability of solid oxide electrolysis cells[J]. Int. J. Hydrog Energy, 2013, 38: 6569-6576.

[11] Li X, Liu W, Wilson J A,et al. Reliability of CO_2 electrolysis by solid oxide electrolysis cells with a flat tube based on a composite double-sided air electrode[J]. Composites Part B: Engineering, 2019, 166(1): 549-554.

[12] Kim S-D, Seo D-W, Han I-S, Woo S-K. Hydrogen production performance of 3-cell flat-tubular solid oxide electrolysis stack[J]. Int. J. Hydrog Energy, 2012, 37: 78-83.

第4章

CO$_2$催化甲烷化及反应机理研究

4.1
CO$_2$催化甲烷化概述

4.1.1　CO$_2$转化与利用

　　二氧化碳的化学分子式为 CO$_2$，分子量为 44，是由一个碳原子与两个氧原子通过共价键连接的。CO$_2$在常温常压下为无色无味的气体，能溶于水并与水反应生成碳酸，20 ℃时每单位体积的水中能溶解 0.88 体积的 CO$_2$。CO$_2$化学性质稳定，在日常生活中常用作灭火器的重要成分，而且灭火后不会留下固体残余物。CO$_2$一般不支持燃烧，但在活泼金属的存在下，CO$_2$可与活泼金属反应生成金属氧化物和单质碳。CO$_2$是除氧气外唯一助燃的气体。

　　CO$_2$的密度为空气的 1.5 倍，在空气对流较弱的环境下，CO$_2$容易在空气底部沉积，在低洼处的浓度较高。例如在人工凿井或挖孔桩时，若通风不良可能会造成井底的工作人员窒息而出现生命危险。当空气中 CO$_2$浓度过高时会有酸性气味，它会对大部分生物造成窒息，导致生物死亡或灭绝。

　　CO$_2$液体的密度为 1.1 g/cm^3，固体的密度为 1.56 g/cm^3。CO$_2$液体或固体在转变为气体时能吸收大量热能，利用 CO$_2$这一物理特性，在食品行业、钢铁行业、化工行业及航天与电子行业等工业中应用非常广泛。

　　CO$_2$能传送可见光，但是对于红外线与紫外线表现为强吸收效应，所以 CO$_2$是一种温室气体。自然界中 CO$_2$的含量会随着季节不同发生规律性变化。植物生长繁衍、火山爆发等自然现象会对CO_2在大气中的含量造成一定影响。

目前CO_2平均占大气总体积的0.0387%，当大气中CO_2浓度升高时会产生温室效应，因为CO_2具有保温作用，使地球温度逐渐升高，从而导致一系列自然灾害。随着CO_2的大量排放，全球气温在20世纪升高了约0.6℃，海平面上升了约14 cm，以现在CO_2的排放速度来看，预计到21世纪中期，全球气温约升高3℃，同时海平面升高60 cm。由此引发的大气臭氧空洞、冰山融化、两极海洋面积减小、海平面上升、地球陆地面积减小、热带亚热带雨林消失等一系列自然环境问题，会使地球上的生物加速灭绝，制约着地球上数以万计生物的生存繁衍，也制约着人与自然的和谐发展。

煤、石油、天然气等化石燃料消耗终产物CO_2的大量排放，不仅加剧了温室效应，造成一系列生态与环境问题，更是对碳资源的极大浪费[1]。据统计，目前我国的CO_2排放量居全球第一位，控制或减少大气中CO_2的浓度已经成为国际上共同关注的难题[2]。目前减少CO_2浓度的措施包括CO_2的减排（如开发选择新能源，提高化石燃料的能量利用率等）、开发CO_2捕集封存装备技术以及促进CO_2的利用等[3,4]。其中，CO_2的化学利用是将CO_2作为一种可再生的无机化工起始原料，既解决了环境问题，又开发了新的碳源，具有广阔的研究及应用前景。

CO_2作为碳及含碳化合物的最终氧化产物，研究开发合理的CO_2化学利用的有效途径是目前富有挑战性的课题之一。当前，采用环境友好的化学方法固定CO_2已成为碳化学和绿色化学的重要研究方向，引起越来越多的国内外科学家的兴趣。然而，由于CO_2惰性大（标准生成热为-394.38 kJ/mol），分子中的碳是+4价，非常稳定，并且C=O键（键能750 kJ/mol）的断裂需要很高的能量，因而抬高了反应的能垒，使化学转化很难发生。Sakallla指出：CO_2化学利用的最大障碍是反应需要耗费很多能量，技术成本高，效率差，从而限制了这一技术的商业化应用[5]。例如从苯和二氧化碳（ΔH_r=-40.7 kJ/mol）合成苯甲酸；甲烷和二氧化碳（ΔH_r=-16.6 kJ/mol）合成醋酸；尿素（ΔH_r=-101 kJ/mol）的合成，以及苯酚和二氧化碳（ΔH_r=-31.4 kJ/mol）合成水杨酸，这些技术都是高耗能过程。因此，目前的转化策略主要有以下几种（图4-1）：①使用具有高能量的原料，如氢气、不饱和化合物或有机金属化合物；②合成具有低能量的目标分子，如有机碳酸酯；③设计趋向于生成目标产物的反应路径，如二氧化碳与碱性氧化物矿化反应生成碳酸盐；④使用更强大的能量引发反应，如光能或电能。

采用高能量的氢气催化CO_2还原能够转化成生产燃料或高附加值的化学品，被认为是CO_2固定化与资源化的有效途径之一，相关研究工作成为一大热点[1]。

近年来有关CO_2加氢催化的工作主要包括制取低碳醇、二甲醚、低碳烯烃、甲烷等方面。图4-2展示了通过热化学或电化学方法还原CO_2所得到的几种可能产物。其中CO_2加氢甲烷化可以用于生产氨与合成气而被广泛研究，研究核心在于开发新型金属基催化体系以实现低温常压下还原CO_2为甲烷。例如，通过电化学方法可以实现常压下温度低于150℃ CO_2加氢制备甲烷。在CO_2加氢制甲烷反应中如何促使H_2产生是主要能耗步骤，研究发现，H_2可以来源于蒸气重整、电解水制氢等过程，然而电解水制氢的电能可以来源于风能、太阳能、潮汐能等自然界中的可再生能源，电解水制氢可以实现能源的循环利用，因此是氢气产生的重要来源[1]。综上，CO_2 加氢制甲烷既可以缓解温室效应，又可以生产天然气，具有重要的实际研究意义。

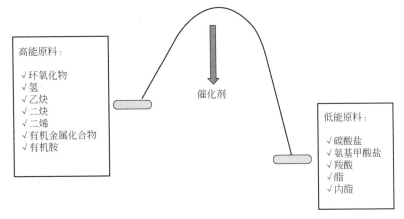

图 4-1   二氧化碳与高化学势物质反应进程中的化学势变化

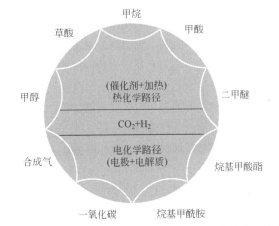

图 4-2   通过热化学与电化学方法还原 CO_2 所得的主要产物

4.1.2 CO_2 加氢甲烷化的意义

随着一次性不可再生能源的逐渐消耗，全球对可再生资源的开发与研究日趋活跃。储量丰富的 CO_2 一直是地球上廉价的碳源，CO_2 的资源化利用一直是研究者们追求的热点。在此基础上，CO_2 加氢催化甲烷化生产合成天然气作为具有较强实用性和工业价值的路线，具有重要的战略意义和经济意义，目前已经成为众多研究者开展的一项重要议题。

天然气的主要成分是甲烷，是人们生活中的主要燃料，其实甲烷的应用远不止简单的燃烧，它在很多领域都发挥着重要作用。在合成领域：甲烷可以直接氧化制合成气，甲烷催化裂解制氢气，甲烷部分氧化制合成气，甲烷/CO_2重整反应制合成气，甲烷水蒸气转化制氢气，甲烷自热重整制氢气。此外，甲烷在其他领域也有着重要应用，甲烷检测仪广泛用于煤矿、石油、化工、冶炼等行业中可燃易爆气体的检测。高温甲烷在合成氨领域也有重要应用，采用甲烷化工艺，净化微量 CO 和 CO_2 与传统工艺进行比较，此工艺具有能耗低、操作简单、无污染、经济效果良好等优点。

4.1.3　CO_2 加氢甲烷化反应过程面临的问题与挑战

尽管 CO_2 加氢甲烷化研究已经有很大的进展，目前该反应研究最广泛而且最深入的催化剂仍然是 Ni 基催化剂。然而 Ni 基催化剂在高温条件下容易失活，发明高温加氢条件下活性和稳定性均优良的 Ni 基催化剂仍然是难题。

金属 Ni 基催化剂在甲烷化过程中容易失活是 CO_2 加氢过程面临的挑战之一。催化剂的失活是一个复杂的物理化学过程，包括两种类型：化学失活和物理失活[1]。

化学失活：催化剂中毒和复杂的气固副反应是化学失活的主要原因。甲烷化催化剂对含有碳化物、氯化物、焦油、氨气、硫化物、碱性物质的气体很敏感，这些杂质气体容易化学吸附在催化剂活性中心阻止反应进行而使催化剂中毒。杂质气体在催化剂表面反应形成化合物改变催化剂的化学性质，从而改变催化剂活性。少量氧气由于能够在催化剂表面形成活性物种而促进甲烷化反应的进行，然而当氧气含量超过临界值后会使催化剂过度氧化导致反应活性降低。

气固反应导致的失活指的是反应物中的流体相与催化剂载体、推进剂或主体相进行反应而产生的化学失活。例如反应气体中少量 CO 存在会在 230 ℃以下形成羰基镍使催化剂失活。对于 Fe 基催化剂体系，CO 的存在会发生铁碳反应在催化剂表面不可逆地形成碳化铁（Fe_5C_2）从而使催化剂活性降低。当 Nb_2O_5 作为催化剂载体时，甲烷化反应过程中 Nb 酸盐的形成是气固反应导致催化剂失活的另一种形式[1]。

物理失活：热分解与活性中心的迁移是催化剂物理失活的两种主要形式。催化剂的使用寿命与催化剂的组成和反应条件有关，高温反应条件容易促进催化剂团聚、热降解、烧结，从而使反应活性降低。CO_2 加氢甲烷化反应由于强放热容易导致催化剂烧结引起催化剂比表面积降低，而且在反应温度高于 500 ℃时容易使催化剂分解，因此研究耐高温的催化剂具有重要的实际意义[1]。

催化剂在高温条件下容易积碳是甲烷化催化剂失活的另一种形式。通过添加水蒸气或增大 H_2/CO_2 比是阻止碳沉积的有效方法。在流化床、移动床和三相反应器中，反应气体的流动导致催化剂活性中心的迁移是催化剂物理失活的另一种形式。虽然固定床反应器中这种形式的物理失活不易产生，但是床层阻塞与压降是固定床反应器操作过程中经常遇到的问题。

CO_2加氢制甲烷主反应为放热反应，然而高温条件下产生 CO 的副反应为吸热反应。根据化学平衡移动原理，当可逆反应达到化学平衡时，升高温度有利于生成 CO，不利于生成甲烷。另外受热力学限制，升高温度时反应达到平衡的条件下主反应产物甲烷的选择性会呈现降低趋势。因此，CO_2 加氢制甲烷反应在高温条件下甲烷选择性偏低，如何使 CO_2 加氢反应在高温（尤其是温度高于 500 ℃）条件下保持较高甲烷选择性是一个亟待解决的难题。

4.2
CO_2 甲烷化机理与催化剂设计

4.2.1　CO_2 分子活化与转移机理

CO_2 甲烷化反应机理的研究重点在于反应过程中 CO_2 的解离方式以及反应的速控步骤上。CO_2 分子和 H_2 分子在金属团簇活性位解离成原子或原子团，并在发生有效碰撞后，连续反应生成甲烷。以 $Ni/CeZrO_2$ 为例发生的分子及原子转移过程如图 4-3 所示。

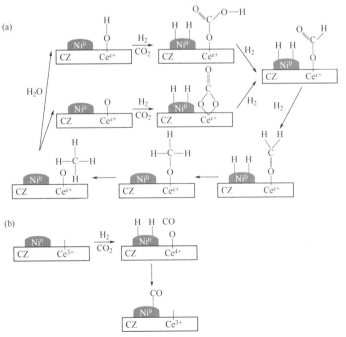

图 4-3　CO_2 催化加氢甲烷化机理（a）及 CO_2 解离生成 CO 机理（b）

4.2.2 CO₂加氢制甲烷催化剂体系

在热力学允许的条件下，CO_2加氢制甲烷技术的关键在于新型高效催化剂的研制，到目前为止，CO_2加氢催化剂通常为多相体系。在 20 世纪 20 年代，Fisher 和 Dilthey 比较不同金属甲烷化催化剂的活性次序为 Ni、Ru、Rh、Ir、Co、Os、Pt、Fe、Mo、Pd、Ag。到 1925 年，他们对甲烷化具有活性的金属都进行了研究，这个次序缩短为 Ru、Ni、Co、Fe、Mo[3, 6]。

（1）Ru 基催化剂体系

Ru 是最早研究的甲烷化催化剂，活性很高。Pichler 发现 CO_2 在无 CO 存在的条件下，0.5% Ru/Al_2O_3 催化剂能使 CO_2 在 1～21.4 atm，$H_2/CO_2=4:1$ 的条件下很快甲烷化。Randhava 等用 0.5%的 Ru 基催化剂，在 CO_2 浓度只有 10^{-6} 级的情况下进行实验，实验发现 CO_2 首先与 H 反应生成 CO，然后反应生成甲烷。

Gupta 发现用γ射线照射过的 Ru/Al_2O_3 催化剂，其催化活性很高。实验发现对 CO_2 加氢甲烷化反应，单原子核的 Ru(CO)的催化活性低于形成簇合物的多原子核 $Ru(CO)_n$ 的催化活性[6]。

（2）Ni 基催化剂体系

虽然 Ni 的活性比 Ru 低，但它仍然是研究得最广泛、最深入的甲烷化催化剂[7]。这不仅在于其价格便宜，自然界中 Ni 含量相比 Ru 高，而且它在所有金属基催化剂中甲烷选择性最好。通过高分散得到高比表面积的 Ni 基催化剂，因此活性很高。其主要缺点在于金属 Ni 容易被硫化物或 CO 中毒，容易生成 $Ni(CO)_4$、Ni_3C，甚至碳[8]。研究发现，当选择适宜温度，并在稍微过量的 CO_2/H_2 比下可以消除碳沉积。

Ni 基催化剂的形式很多，包括负载型、合金与化合物型等，特别是骨架 Ni 等均具有很高的活性。

Masagutove 等在 200～300 ℃、1 atm 的条件下，在 Ni/硅藻土催化剂上进行 CO_2 催化加氢甲烷化反应的研究，发现 CO_2 反应生成甲烷的转化率很高[9]。对负载型 Ni/Al_2O_3 催化剂，Keith 认为在制备和还原过程中，Ni^{2+} 与 Al_2O_3 紧密接触，发生反应产生两种活性位，即 Al_2O_3 表面 NiO 生成的高活性的 Ni 晶格与有 Al_2O_3 包围的低活性 Ni 原子（类似于 $NiAl_2O_4$ 物种），它们活性不同，而且分布与 Ni 的负载量有关。随着 Ni 负载量增加，Ni 晶格数增加，而 Ni 原子数目减少。在 Ni 负载量为 1.5%～15%时，两种活性位均存在。

（3）Co 和 Fe 基催化剂体系

骨架 Co 和碱混合对 CO_2 的甲烷化活性很高，但它的积碳现象比 Ni 严重。

Burean 矿区产生了 Fe 基甲烷化催化剂，虽然其积碳程度比 Ni 基催化剂轻，但 Fe 表面仍很易被氧化，容易被一层碳化物沉积覆盖，造成反应器阻塞和架桥现象，而且 Fe 基催化剂的抗硫中毒性能比 Ni 基催化剂弱。

Herve 和 Rene 考察了 CO_2/H_2 甲烷化过程中,不同元素 Co、K、Cu 组成的催化剂的特性。发现无助催化剂时,Co 在 CO_2 甲烷化过程中表现出很高的活性[6]。

（4）Mo 和 W 基催化剂体系

Mo 和 W 的最大特点是抗硫性。实际上 Mo/Al_2O_3 在使用前要用 H_2S 硫化,而 W/Al_2O_3 根本不受硫化物的影响。Mo/SiO_2 催化剂在温度高于 300 ℃时也有严重的碳沉积现象并很快失活[6]。

（5）贵金属催化剂体系

早期用于甲烷化的贵金属催化剂有 Pt(1.9%)-CeO_2。但最近除了 Ru 外,贵金属催化剂使用较少。

Mackee 发现 Rh、Ir 在 200 ℃还原,甲烷化活性很低,而 Pt 无活性,Ru 具有很高的活性。Solymosi 则认为 CO_2 甲烷化的速率以 Ru、Rh、Pt、Ir、Pd 的次序下降,并且发现 CO_2 在贵金属上生成甲烷的选择性比 CO 高。同时还发现温度高于 240 ℃时,甲烷在 Ru/Al_2O_3 上的选择性接近 100%,另一个较好的催化剂是 Rh/Al_2O_3,反应几乎只产生甲烷。

Burean 矿区对金属进行筛选,以 Al_2O_3 为载体,负载量为 0.5%的贵金属催化剂活性次序为:Ru > Rh > Re > Pt > Pd > Os,选择性为:Pd > Re > Os > Rh > Pt > Rh[3,10,20]。

（6）多组分金属催化剂体系

研究发现用浸渍法制备的 Ru-Mo/γ-Al_2O_3 催化剂,在 Mo 含量为 9%～11%时,CO_2 甲烷化速率比 CO 快。用 Ni-Cr/Al_2O_3 催化剂时,测得 CO_2 和 H_2 的反应级数分别为 1 和 0,反应的活化能为 106.4 kJ/mol。

Ru-Co/ZnO-Cr_2O_3、Fe-Co/ZnO-Cr_2O_3 催化剂对 CO_2 加氢甲烷化也有活性。Ni-Ru/La_2O_3（共沉淀法制备）催化剂不仅活性高,而且抗硫中毒能力强[6]。

（7）载体

对于负载型甲烷化催化剂,Vance 等研究发现载体的活性和选择性是以 TiO_2>Al_2O_3>SiO_2 的次序下降的[6]。碱性载体对 CO_2 甲烷化的活性有明显的影响。MgO 既可以作为一种添加剂,同时也是一种很好的载体。TiO_2 是 N 型半导体,电子迁移比 Al_2O_3、SiO_2 快,很容易与活性组分的电子结合。同时 TiO_2 与活性金属之间存在着较强的金属载体强相互作用,因此是一种很好的载体。

目前对于以 Al_2O_3 为载体的 Ni 基催化剂研究较深入,实验发现 Ni-La_2O_3/Al_2O_3 催化剂活性随时间逐渐增强,而 Ni-La_2O_3/SiO_2 的催化活性一直保持恒定。这主要是由于 Ni 与 Al_2O_3 反应生成了 $NiAl_2O_4$ 尖晶石,在 300 ℃下逐渐还原成 Ni 使其活性增强,而 SiO_2 和 Ni 作用没有尖晶石型晶体形成。

对 Ni/Al_2O_3 催化剂,载体作用之一是其支撑和分散 NiO 粒子,使之能还原成 Ni。同时 NiO 与 Al_2O_3 形成尖晶石型化合物阻止 Ni 粒子的生长,或烧结带来的催化剂比表面积和活性下降。另外,Ni/Al_2O_3 催化剂中载体还具有吸附、储存和转移 CO_2 的功能。

吸附态的稳定程度与CO_2加氢甲烷化反应转化率密切相关。CO_2过弱的吸附不利于增加表面CO_2的浓度，过强的吸附作用不利于CO_2与H_2分子的活化，使反应速率减慢甚至于难以进行。因此，制备催化剂时要注意载体的选择[10]。强路易斯酸载体不利于CO_2分子活化，强路易斯碱载体不利于甲烷生成[11]。通常载体选择以有较弱酸性者为佳，或许一种酸碱双功能载体将对CO_2加氢甲烷化反应非常有效。

(8) 催化剂的制备方法

目前，甲烷化反应研究主要集中在催化剂制备方面。甲烷化催化剂的制备方法主要有机械混合法、浸渍法、共沉淀法、溶胶-凝胶法。还有很多学者采用其他新颖的方法也制得了高效催化剂，例如水热法、熔融法、溶液燃烧法、声波降解水溶液法。

浸渍法对负载较低活性组分含量的催化剂具有优势，活性组分能分散于催化剂表面，具有高活性；但是制备高负载量催化剂时，会导致活性物种在载体表面积聚，难以实现均匀分散，导致催化剂活性降低。共沉淀法可用于制备高负载量催化剂，但由于受到沉淀因素的影响，在沉淀过程中各物种沉淀速率的可变性导致载体与活性物种之间分散不均匀、各自团聚等。采用溶胶-凝胶法制备高负载量催化剂可以保证活性组分高度分散、活性组分与载体键合后分布均匀、金属-载体相互作用增强，提高催化剂的活性与稳定性。采用水热法可以制备具有特殊形貌的纳米催化剂，对于研究纳米催化材料的电子效应、限域效应、构效效应等理论问题具有实际制备意义与研究价值。

4.2.3　硅酸镍纳米管催化剂

CO_2加氢甲烷化反应在高温和 Ni 基催化剂存在的条件下因受热力学平衡限制，主反应产物甲烷的选择性有待提高。另外，高温反应条件下 Ni 基催化剂容易烧结失活，该反应在高温条件下积碳现象也会造成CO_2加氢甲烷化反应催化剂活性降低。因此，发明高温反应条件下甲烷选择性高、催化性能稳定、积碳少的高效 Ni 基加氢催化剂具有很重要的实际意义。

（1）催化剂合成

硅酸盐纳米管催化剂由于其特殊的纳米形貌和限域效应，金属活性中心被固定在层状纳米管晶格，可以有效缓解催化剂在高温条件下的烧结与失活[12]。另外，硅酸盐纳米管催化剂由于材料表面富含羟基，羟基的存在可以有效地移除高温条件下反应生成的积碳。那么如何提高反应产物甲烷的选择性呢？从甲烷化反应机理出发，可以通过调控硅酸盐纳米管的尺寸来有效改变深度加氢产物甲烷的选择性。

通过调控水热反应过程中$Ni(NO_3)_2$与Na_2SiO_3的浓度，制备了 4 种具有不同平均长度的硅酸镍纳米管。根据CO_2催化加氢甲烷化的反应机理，CO_2分子首先在金属Ni 团簇表面解离为 CO 分子与 O 原子，同时H_2分子在金属 Ni 团簇表面解离为 2 个 H

原子。然后 CO 分子与 H 原子逐步进行有效碰撞反应生成 CH_x 直至生成甲烷。可见甲烷是深度加氢的反应产物，基于此理论，硅酸镍纳米管轴向尺寸增大时有利于甲烷选择性的提升。本研究制备的四种轴向尺寸不同的硅酸镍纳米管催化剂热稳定性与抗烧结性能良好，纳米管表面富含羟基官能团，有效地抑制了积碳反应的发生。

硅酸镍纳米管的平均管长可以通过调控水热过程中前驱体所形成溶液的浓度来实现。以合成 1-Ni/PSn 为例，通常选用 $NiCl_2·6H_2O$ 作为前驱体，将 0.71 g $NiCl_2·6H_2O$ 溶解于 100 mL 去离子水中，向溶解完全的 $NiCl_2$ 溶液中加入 15 mL 0.5 mol/L Na_2SiO_3 溶液，以形成浅绿色前驱体，并温和搅拌 10 min。然后加入 9.6 g NaOH，继续搅拌 10 min，将混合液转移至 150 mL 水热釜中，5 ℃/min 加热到 210 ℃并恒温保持 24 h。将得到的水热反应产物离心分离、水洗若干次，放入真空干燥箱中于 80 ℃干燥 3 h。最后将干燥后的产品在马弗炉中空气氛围下 700 ℃煅烧 4 h 即得 1-Ni/PSn。将水热过程中 $NiCl_2$ 溶液与 Na_2SiO_3 溶液浓度分别扩大 2 倍、3 倍、4 倍，采用同样方法制备得到 2-Ni/PSn、3-Ni/PSn、4-Ni/PSn。水热合成过程中发生的化学反应为：

$$NiCl_2 + Na_2SiO_3 + NaOH \longrightarrow Ni/PSn (纳米管)$$

硅酸镍纳米管的形成过程：在碱性条件下，$NiCl_2$ 溶液形成 $Ni(OH)_2$，$Ni(OH)_2$ 高温高压下脱水形成 NiO，NiO 与 H_2O 结合生成 $NiO_4(OH)_4$，$NiO_4(OH)_4$ 八面体单元与 SiO_4 四面体单元结合形成二维 $Ni_3Si_2O_5(OH)_4$ 晶体模板，该模板在强碱性水热环境中发生卷曲，将二维平面结构扭转为三维纳米管结构。图 4-4 为二维 $Ni_3Si_2O_5(OH)_4$ 晶体模板翻转为三维纳米管结构示意图。

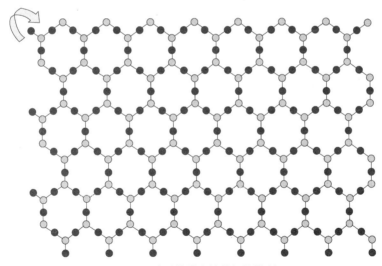

图 4-4　硅酸盐纳米管的扭转模型

图 4-5 为硅酸镍纳米管三维层状结构模型。硅酸镍纳米管材料由 $NiO_4(OH)_4$ 八面体与 SiO_4 四面体沿纳米管径向交替排列组成。

图 4-5　硅酸镍纳米管三维层状结构模型

（2）催化剂表征

图 4-6 为 3-Ni/PSn 的系列表征结果。其中（a）为 3-Ni/PSn 的 TEM 表征图，采用 Nanomeasure 软件统计出其平均管长为 88 nm；（b）为煅烧后与还原后 3-Ni/PSn 的 XRD 表征结果，煅烧后的 3-Ni/PSn 中只检测到 $Ni_3Si_2O_5(OH)_4$ 晶相，纯氢氛围中 500 ℃ 还原处理 3 h 后的 3-Ni/PSn 中 $2\theta=44°$、$52°$、$76°$ 处分别对应于金属 Ni 晶体(111)、(200)、(220)晶面[51]；（c）为 3-Ni/PSn 的傅里叶变换红外表征，波数 514 cm^{-1} 和 990 cm^{-1} 分别对应 Si—O 振动峰和 Si—OH 伸缩振动峰[15]，1645 cm^{-1} 和 3431 cm^{-1} 分别对应水分子中 H—O—H 的伸缩振动峰和硅酸盐纳米材料表面结合水中—OH 的反伸缩振动，表明层状硅酸盐纳米结构的形成；（d）为 3-Ni/PSn 的程序性升温还原峰，其中 420 ℃ 位置处为硅酸盐纳米材料表面 NiO 晶体的还原峰，而 750 ℃ 位置处对应于纳米材料体相 NiO 晶体还原峰，进一步证明了层状硅酸盐纳米材料的成功合成。

图 4-7 为煅烧后 4 种不同平均管长的硅酸镍纳米管 TEM 表征图。采用 Nanomeasure 粒径尺寸统计软件可得出 1-Ni/PSn 平均长度为 26 nm，管壁厚 2.8 nm；2-Ni/PSn 平均长度为 53 nm，管壁厚 3.5 nm；3-Ni/PSn 平均长度为 88 nm，管壁厚 4.2 nm；4-Ni/PSn 平均长度为 143 nm，管壁厚 5.7 nm。

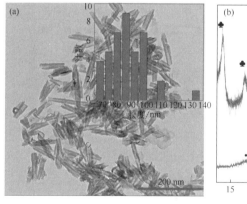

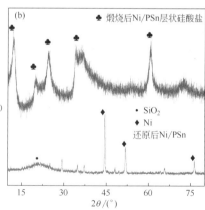

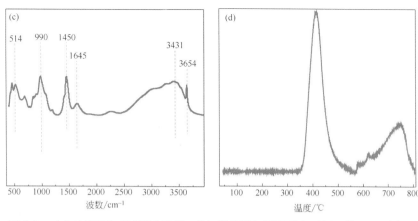

图 4-6 （a）3-Ni/PSn 的 TEM 表征；（b）煅烧后与还原后 3-Ni/PSn 的 XRD 表征；
（c）3-Ni/PSn 的傅里叶变换红外表征；（d）3-Ni/PSn 的 TPR 表征

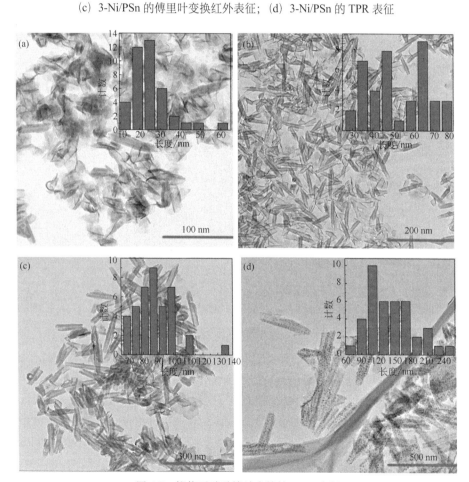

图 4-7 煅烧后硅酸镍纳米管的 TEM 表征
（a）1-Ni/PSn；（b）2-Ni/PSn；（c）3-Ni/PSn；（d）4-Ni/PSn

图 4-8 为还原后 4 种不同平均管长的硅酸镍纳米管 TEM 表征图。从 TEM 表征结果可以看出还原后的金属 Ni 团簇颗粒负载在纳米管的管壁上。采用 Nanomeasure 粒径统计软件可以得出 1-Ni/PSn 还原后 Ni 颗粒平均尺寸为 1.7 nm，2-Ni/PSn 还原后 Ni 颗粒平均尺寸为 2.2 nm，3-Ni/PSn 还原后 Ni 颗粒平均尺寸为 2.4 nm，4-Ni/PSn 还原后 Ni 颗粒平均尺寸为 2.7 nm。

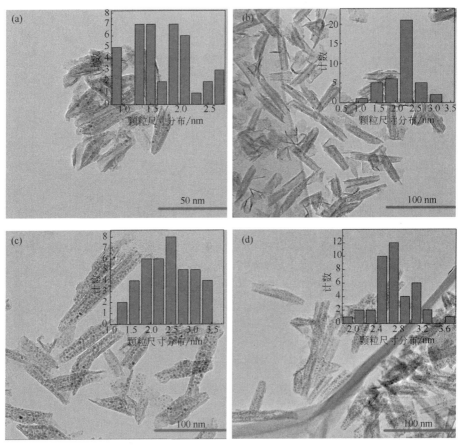

图 4-8 还原后 4 种硅酸镍纳米管的 TEM 表征
(a) 1-Ni/PSn；(b) 2-Ni/PSn；(c) 3-Ni/PSn；(d) 4-Ni/PSn

图 4-9 为 4 种不同平均长度的硅酸镍纳米管 BET-BJH 曲线。1-Ni/PSn 的比表面积最小为 78.1 m^2/g，这是由于水热反应过程中 $NiCl_2$ 与 Na_2SiO_3 溶液浓度低，纳米管成形率低；2-Ni/PSn 的比表面积为 151.3 m^2/g，3-Ni/PSn 的比表面积为 141.5 m^2/g，4-Ni/PSn 的比表面积为 100.1 m^2/g。比表面积大小排序为 2-Ni/PSn>3-Ni/PSn>4-Ni/PSn，因为随着水热反应过程中前驱体水溶液浓度的增加，合成的硅酸镍纳米管厚度增大限制了纳米管比表面积的提高。

表 4-1 为 4 种硅酸镍纳米管物理化学性质数据汇总，从表中可以看出随着水热反

应过程中 $NiCl_2$ 与 Na_2SiO_3 溶液浓度提高，合成的硅酸盐纳米管平均长度增加，厚度增大，材料体相 Ni 与 Si 元素负载量增大，比表面积呈现下降趋势。

表 4-2 列出了 H_2、CO_2、CO、CH_4 分子室温条件下的分子平均自由程与克努森扩散系数，取硅酸盐纳米管内径为 10 nm。其中在硅酸镍纳米管内 H_2 进行克努森扩散，CO_2、CO、CH_4 分子进行过渡区扩散，结果表明反应物与产物分子均可以与纳米管内壁保持有效碰撞接触。

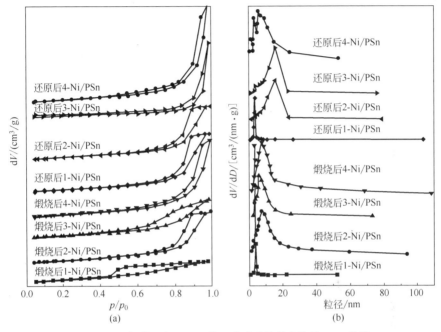

图 4-9　(a) 煅烧后与还原后的 4 种硅酸镍纳米管的 BET 曲线；
　　　　(b) 煅烧后与还原后的 4 种硅酸镍纳米管的 BJH 曲线

表 4-1　4 种硅酸镍纳米管催化剂物理化学性质数据汇总

催化剂编号	Ni 负载量[①]（质量分数）/%	Si 负载量[①]（质量分数）/%	S_{BET}[②]/(m²/g)	表面 Ni 含量[③]/(mol/g)	平均管长/nm	管壁厚度/nm	平均 Ni 颗粒直径[④]/nm
1-Ni/PSn	28.7	14.3	78.1/70.3	$3.92×10^{-6}$	26	2.8	1.7
2-Ni/PSn	30.6	15.6	151.3/147.3	$6.3×10^{-6}$	53	3.5	2.2
3-Ni/PSn	33.7	17.1	141.5/130.1	$8.27×10^{-6}$	88	4.2	2.4
4-Ni/PSn	36.6	19.6	100.1/88.7	$7.17×10^{-6}$	143	5.7	2.7

① ICP 表征；
② N_2 等温吸附表征；
③ H_2 脉冲化学吸附表征；
④ 四种还原后的 TEM 图像。

表 4-2　H₂、CO₂、CO、CH₄ 室温条件下的分子平均自由程 λ 和克努森扩散系数 K_n 汇总

气体种类	分子平均自由程 λ/nm	克努森扩散系数 K_n
CO₂	54.3	5.4
H₂	156.5	15.6
CO	82.5	8.3
CH₄	51.2	5.1

图 4-10 为煅烧后与还原后 4 种不同平均管长硅酸镍纳米管的 XRD 表征结果。煅烧后的硅酸镍纳米管成 $Ni_3Si_2O_5(OH)_4$ 晶相，还原后的硅酸镍纳米管由于金属 Ni 团簇颗粒大量负载在纳米管管壁，XRD 衍射峰主要体现为金属 Ni 晶相，$2\theta=22°$ 处为无定形 SiO_2 的衍射峰[15]。随着纳米材料体相金属 Ni 含量逐渐增大，还原后的硅酸盐纳米管金属 Ni 颗粒衍射峰逐渐增强。

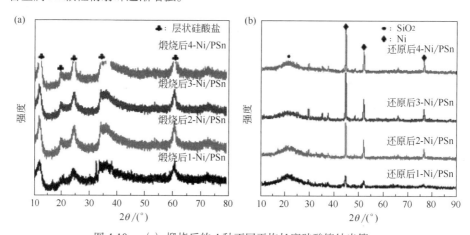

图 4-10　(a) 煅烧后的 4 种不同平均长度硅酸镍纳米管；
(b) 还原后的 4 种不同平均长度硅酸镍纳米管 XRD 表征结果

图 4-11 为 4 种不同平均长度硅酸镍纳米管 FT-IR 表征结果。波数为 3431 cm⁻¹ 处对应于纳米管材料表面的羟基伸缩振动峰，随着纳米管平均长度增加，表面羟基峰强度与峰面积增大，表明表面羟基含量增多，催化剂在高温条件下抗积碳性能增强。

图 4-12 为 4 种不同平均长度的硅酸镍纳米管催化剂 H₂-TPR 表征结果。还原温度位于 420 ℃（α-NiO）处为硅酸盐纳米管材料表面的 NiO 晶体还原峰，还原温度位于 750 ℃（γ-NiO）处为纳米材料体相的 NiO 晶体还原峰。420 ℃ 处还原峰面积与 750 ℃ 处还原峰面积比值随着硅酸盐纳米管平均长度的增加而增大，一种可能的原因是材料内部 Ni—O—Ni 键与 Ni—O—Si 键含量比值随着水热反应过程中前驱体溶液浓度增加而上升，这种推断与表 4-1 中 ICP-AES 结果所示规律相吻合。

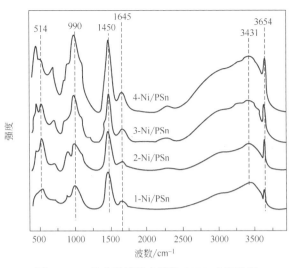

图 4-11　4 种硅酸镍纳米管的 FT-IR 表征结果

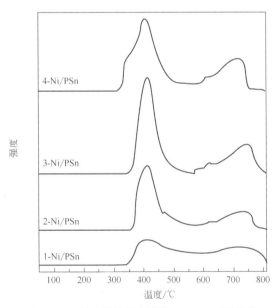

图 4-12　4 种硅酸镍纳米管的 H_2-TPR 还原曲线

（3）活性测试

图 4-13 为 4 种不同平均长度的硅酸镍纳米管反应活性测试结果。催化剂还原条件为在纯氢气氛中 500 ℃还原 3 h，反应活性测试条件为：H_2/CO_2/N_2 体积比为 4:1:1，反应温度区间为 300～500 ℃，反应压力为 1 atm。3-Ni/PSn 具有最高的 CO_2 转化率，当 GHSV=4500 mL/(h·g)，反应温度为 500 ℃时，其 CO_2 转化率为 60.6%。在相同反应条件下，图 4-13（a）中 4 种硅酸镍纳米管 CO_2 转化率顺序为 3-Ni/PSn>4-Ni/PSn>2-Ni/PSn>1-Ni/PSn，这种现象可以解释为：随着纳米管平均长度逐渐增大，

材料体相 Ni 负载量增加，然而 3-Ni/PSn 比 4-Ni/PSn 具有更大的比表面积，因此 3-Ni/PSn 催化剂的 CO_2 转化率高于 4-Ni/PSn。图 4-13（b）中甲烷选择性顺序为：1-Ni/PSn<2-Ni/PSn<3-Ni/PSn<4-Ni/PSn，其中 4-Ni/PSn 在 500 ℃反应时甲烷选择性高达 89.8%。这种现象可以用"碰撞概率模型"来解释：根据 CO_2 加氢甲烷化的反应机理，CO_2 分子首先在金属 Ni 团簇活性位解离为 CO 分子和 O 原子，同时 H_2 分子在金属 Ni 团簇活性位解离为 2H 原子，接着 CO 分子与 H 原子连续反应生成 CH_x 直至甲烷。由于硅酸盐纳米管平均长度增加后可以增大反应中间产物 CO 和 H 原子在单根纳米管内的停留时间，增大 CO 分子与 H 原子在纳米管内的有效碰撞概率，从而有利于促进深度加氢产物甲烷的形成。图 4-13（c）中，当 GHSV=4000 mL/(g·h)，$H_2/CO_2/N_2$= 1:4:1，反应温度为 500 ℃，反应压力为 1 atm 时，4 种平均长度不同的硅酸镍纳米管催化剂反应活性呈现出与图 4-13（a）和图 4-13（b）相同的规律和趋势。图 4-13（d）中 TOF 计算公式为：TOF=产物分子数量/时间，反应测试条件为：GHSV= 9000 mL/(g·h)，温度为 300 ℃，$H_2/CO_2/N_2$ 体积比为 4:1:1，压力为 1 atm。3-Ni/PSn 具有最高 TOF，其次分别为 4-Ni/PSn、2-Ni/PSn、1-Ni/PSn，TOF 计算结果反映出的催化剂活性规律与图 4-13（c）相吻合。

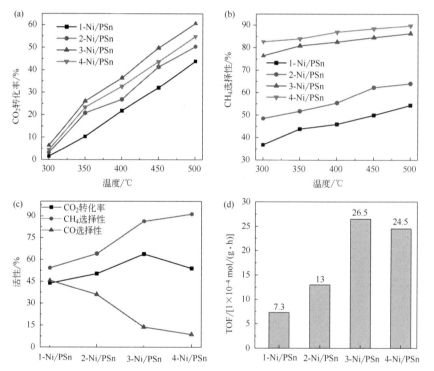

图 4-13　质量空速为 4500 mL/(g·h)时 (a) 催化剂 CO_2 转化率随温度的变化关系；(b) CH_4 选择性随温度的变化关系；(c) 质量空速为 4000 mL/(g·h)时催化剂的 CO_2 转化率、CH_4 选择性、CO 选择性对比；(d) 质量空速为 9000 mL/(g·h)时催化剂的 TOF 值对比

4.2.4 石墨烯插层 Ni 基催化剂

CO_2 加氢制甲烷反应所使用的 Ni 基催化剂活性中心金属 Ni 既可以解离 H_2 分子，又可以活化 CO_2 分子，并且金属 Ni 相对于贵金属 Rh 等催化剂价格低廉，产物甲烷选择性高，因此得到了广泛而深入的研究。然而由于金属 Ni 基催化剂在高温条件下存在着活性位易迁移、积碳、烧结等问题，研究和发明高温反应条件下活性与稳定性均良好的高效加氢金属 Ni 基催化剂具有重要的实际意义。石墨烯作为一种层状二维材料，由于其具有高比表面积、高热量传导与电子传递效率而备受研究者青睐。另外，石墨烯的电子效应可以有效调控催化剂活性金属 Ni 团簇的电子云分布[16]，有望实现促进 CO_2 加氢反应活性的提高。针对高温反应条件下 CO_2 加氢甲烷化反应强放热的特点，本研究中引入 Ni 基金属骨架材料作为催化剂载体，以期望达到有效移除反应床层所释放热量的目的。采用化学气相沉积（CVD）技术将石墨烯沉积在金属 Ni 骨架基底上，然后需要解决的问题是如何将沉积有石墨烯的金属 Ni 骨架载体材料催化功能化。

（1）催化剂合成

采用简单高效的水热法可以在沉积有石墨烯的金属 Ni 骨架载体上合成具有特殊形貌的硅酸盐纳米材料[14]，从而使金属 Ni 骨架具有催化功能。本研究采用绿色高效的水热法在金属 Ni 骨架载体上合成了一种片状硅酸 Ni 材料，并将其用于 CO_2 加氢甲烷化反应过程中。为了验证石墨烯的引入可以有效促进高温条件下 CO_2 加氢甲烷化反应的活性与稳定性，本研究引入一种没有沉积石墨烯的金属 Ni 骨架载体材料制备催化剂以作对比。

将 0.6 g 十六烷基三甲基溴化铵（CTAB）加入 100 mL 去离子水与 30 mL 乙醇的混合溶剂中。然后将 0.25 g Ni-foam 或 GO-Ni-foam［采用化学气相沉积 CVD 技术在镍泡沫（Ni-foam）表面沉积石墨烯后用氧等离子体处理得到］（提前切成 3 mm×3 mm×2 mm 的小块）样品加入上述混合液中开始机械搅拌，继续滴加 8 mL 质量分数为 25% 的氨水，然后以 20 滴每秒的速度缓慢滴加正硅酸乙酯（TEOS）3 mL，继续室温条件下搅拌 12 h。将得到的初级产物用去离子水洗至 pH=7，然后使用无水乙醇洗涤 3 次，转移到真空干燥箱中 60 ℃干燥 3 h。接着取 0.3 g 上述干燥后的产物 SiO_2/GO-Ni-foam 或 SiO_2/Ni-foam 转移至 150 mL 三口烧瓶中，滴加 50 mL 去离子水、0.71 g $Ni(NO_3)_2 \cdot 6H_2O$、0.73 g $Na_2SiO_3 \cdot 9H_2O$ 和 3.1 g 颗粒状 NaOH 温和搅拌 45 min，将上述混合物转移至 150 mL 水热釜中，5 ℃/min 升温至 210 ℃后恒温保持 24 h，将得到的产物用去离子水和无水乙醇分别洗涤 3 次，60 ℃真空干燥 3 h，最后在马弗炉中氮气氛围中 550 ℃煅烧 5 h 得到 Ni-SiO_2/GO-Ni-foam 和 Ni-SiO_2/Ni-foam 催化剂。

为了突出金属 Ni 骨架载体在高温反应条件下可以有效降低床层温升的性能，本研究中引入 Ni-SiO_2 催化剂作对比。其制备方法采用简单的水热法。向 150 mL 水热釜中加入 50 mL 去离子水、0.71 g $Ni(NO_3)_2 \cdot 6H_2O$、0.73 g $Na_2SiO_3 \cdot 9H_2O$ 和 3.1 g 颗粒状 NaOH 温和搅拌 45 min,并置于高温烘箱中 5 ℃/min 升温至 210 ℃后恒温保持 24 h,将得到的浅绿色产物用去离子水和无水乙醇洗涤并干燥后在氮气氛围中于 550 ℃煅烧 5 h 得到 Ni-SiO$_2$ 催化剂。

图 4-14 和图 4-15 分别为 Ni-SiO$_2$/GO-Ni-foam 催化剂模型图与 Ni-SiO$_2$/GO-Ni-foam 催化剂制备过程示意图。

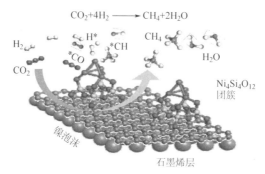

图 4-14 Ni-SiO$_2$/GO-Ni-foam 催化剂模型图

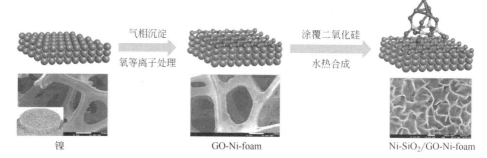

图 4-15 Ni-SiO$_2$/GO-Ni-foam 催化剂制备过程示意图

(2) 催化剂表征

图 4-16 分别为 Ni-SiO$_2$/GO-Ni-foam、Ni-SiO$_2$/Ni-foam 和 Ni-SiO$_2$ 的 XRD 谱图。图 4-16 (a) 中,2θ=22°的宽衍射峰对应无定形 SiO$_2$ 相,2θ=26°处尖锐衍射峰对应石墨烯 (200) 晶面[18]。2θ=44°、52°、76°处的衍射峰分别对应金属 Ni 的(111)、(200)、(220)晶面。图 4-16 (b) 中,煅烧前与煅烧后的 Ni-SiO$_2$ 样品衍射峰对应层状硅酸镍晶相[19],表明层状硅酸镍纳米材料成功合成在金属 Ni 骨架载体上。

图 4-17 为还原后与稳定性测试后 Ni-SiO$_2$/GO-Ni-foam 和 Ni-SiO$_2$/Ni-foam 催化剂的 XRD 谱图。金属 Ni 衍射峰主要来源于金属 Ni 骨架载体,根据谢乐公式,还原后的催化剂在经历稳定性测试后,Ni-SiO$_2$/GO-Ni-foam 催化剂上 Ni(111)面晶粒尺寸从 79.7 nm 增加到 81.5 nm,然而 Ni-SiO$_2$/Ni-foam 催化剂上 Ni(111)面晶粒尺寸从 75.2 nm 增加到 80.3 nm,Ni-SiO$_2$/Ni-foam 催化剂上活性位金属 Ni 团簇纳米级尺寸的增大很有可能是该催化剂在稳定性测试过程中 CO$_2$ 转化率与甲烷选择性降低的原因[12]。

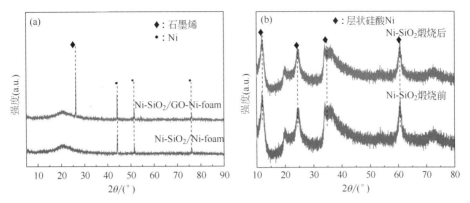

图 4-16 Ni-SiO₂/GO-Ni-foam、Ni-SiO₂/Ni-foam 和 Ni-SiO₂ 催化剂的 XRD 谱图

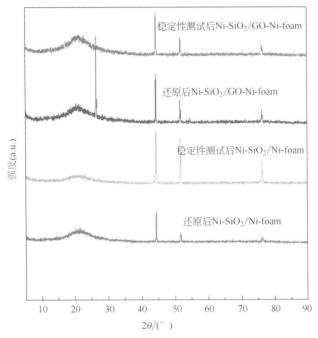

图 4-17 还原后与稳定性测试后 Ni-SiO₂/GO-Ni-foam 与 Ni-SiO₂/Ni-foam 催化剂的 XRD 谱图

Ni-foam、GO-Ni-foam、Ni-SiO₂/GO-Ni-foam 和 Ni-SiO₂/Ni-foam 催化剂的 N₂ 吸脱附性能结果如图 4-18 和表 4-3 所示。根据 BET N₂ 吸脱附曲线和表 4-3 所示结果，Ni-SiO₂/GO-Ni-foam 材料具有比 Ni-SiO₂/Ni-foam 更大的比表面积，这种现象出现的原因很可能是 GO-Ni-foam 载体上水热合成出更多片状硅酸盐纳米材料。根据 BJH 孔径分布结果，Ni-foam、GO-Ni-foam、Ni-SiO₂/GO-Ni-foam 和 Ni-SiO₂/Ni-foam 材料的大部分孔径属于介孔尺寸范围。Ni-SiO₂/GO-Ni-foam 与 Ni-SiO₂/Ni-foam 催化剂 BJH 曲线出现差异的原因很可能是源于片状硅酸盐纳米材料在 GO-Ni-foam 和 Ni-foam 载体合成含量的不同。

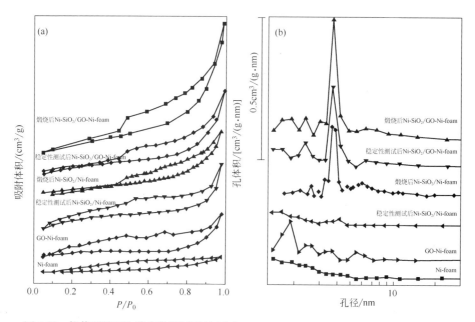

图 4-18　煅烧后和 72h 稳定性测试后的 Ni-foam、GO-Ni-foam、Ni-SiO$_2$/GO-Ni-foam 与
Ni-SiO$_2$/Ni-foam 催化剂的 N$_2$ 吸脱附曲线与孔径分布曲线

电子耦合等离子体原子吸收光谱 (ICP-AES) 表征结果示于表 4-3 中。Ni-SiO$_2$/GO-Ni-foam 体相 SiO$_2$/Ni 的质量比为 0.1，然而 Ni-SiO$_2$/Ni-foam 体相 SiO$_2$/Ni 的质量比为 0.06。由此可以得出引入氧化石墨烯沉积在 Ni-foam 表层后有利于硅酸盐材料在金属骨架载体表面的负载。

表 4-3　催化剂的物理化学性质汇总

催化剂	SSA[①]/(m^3/g)	PV[②]/(cm^3/g)	PD[③]/nm	ACS[④]/nm	表面 Ni 含量[⑤]	质量比 (Si/Ni)[⑥]	表面原子比 (Si/Ni)[⑦]	X(CO$_2$)/%	TOF/s
Ni-SiO$_2$/GO-Ni-foam	10.067/9.309	0.011/0.007	3.74/3.74	72/81.5	3.53×10^{-5}	0.046	0.756	83.7	0.3041
Ni-SiO$_2$/Ni-foam	8.364/6.494	0.006/0.001	3.69/1.62	71.8/80.3	3.49×10^{-5}	0.028	0.613	66	0.1201
GO-Ni-foam	2.849	0.003	1.88	86.8	1.83×10^{-5}	—	—	33.9	0.0021
Ni-foam	2.182	0.001	1.41	100.9	2.5×10^{-5}	—	—	28.9	0.0007

① N$_2$ 吸附-脱附技术测定反应前/反应后催化剂的 SSA。
② 根据 N$_2$ 吸附等温线中的解吸线计算空隙体积。
③ BJH 平均解吸孔径。
④ 新鲜催化剂的平均晶体尺寸由 X 射线衍射数据使用 Scherrer 方程确定。
⑤ 表面 Ni 原子含量由 H$_2$ 脉冲化学吸附得到。
⑥ 根据 ICP-AES 结果计算。
⑦ 根据 XPS 结果测定。

为了观察 Ni-SiO$_2$/GO-Ni-foam 和 Ni-SiO$_2$/Ni-foam 催化剂的表面形貌，对两种催化材料进行了 SEM 表征，结果如图 4-19 所示。根据图 4-19，Ni-foam 和 GO-Ni-foam

载体在水热合成片状硅酸 Ni 纳米材料后表面变得粗糙多孔，比表面积有明显提高。对比实验结果表明，Ni-SiO$_2$/GO-Ni-foam 催化剂比表面积增加程度高于 Ni-SiO$_2$/Ni-foam 材料，由此推出引入氧化石墨烯沉积于 Ni-foam 后有利于片状硅酸 Ni 纳米材料在金属骨架载体上的负载。水热过程中合成的层状硅酸 Ni 为类似于花瓣状的纳米结构，纳米片厚度介于 30～50 nm 之间。

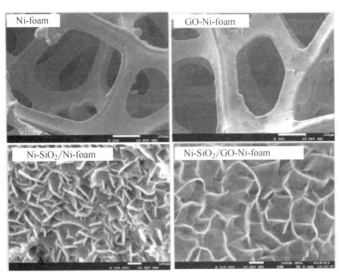

图 4-19　Ni-foam、GO-Ni-foam、Ni-SiO$_2$/GO-Ni-foam 和 Ni-SiO$_2$/Ni-foam 催化剂的表面形貌表征

图 4-20 和表 4-4 为 Ni-foam、GO-Ni-foam、Ni-SiO$_2$/GO-Ni-foam 与 Ni-SiO$_2$/Ni-foam 催化剂的表面电子能谱（EDX）表征结果。催化剂材料由 Ni、Si、O、C 四种元素组成，片状纳米材料表面相晶体组成为 SiO$_2$ 和 NiO。Ni-SiO$_2$/GO-Ni-foam 片状纳米材料表面 NiO/SiO$_2$ 质量比为 1.88，高于 Ni-SiO$_2$/Ni-foam 片状纳米材料表面 NiO/SiO$_2$ 质量比 1.47，此结果进一步表明了引入氧化石墨烯后有利于片状硅酸 Ni 纳米材料在金属 Ni 骨架载体上的负载。

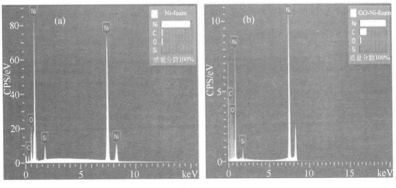

图 4-20

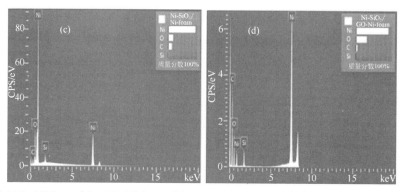

图 4-20　Ni-foam（a）、GO-Ni-foam（b）、Ni-SiO₂/Ni-foam（c）与 Ni-SiO₂/GO-Ni-foam
（d）四种催化剂材料的表面 EDX 谱图

表 4-4　Ni-foam、GO-Ni-foam、Ni-SiO₂/Ni-foam 与 Ni-SiO₂/GO-Ni-foam 四种催化剂材料
表面原子相对含量 EDX 表征结果汇总

催化剂	C 原子质量分数/%	O 原子质量分数/%	Si 原子质量分数/%	Ni 原子质量分数/%
Ni-foam	4.29	4.22	0.53	90.99
GO-Ni-foam	19.78	3.82	0.47	74.93
Ni-SiO₂/GO-Ni-foam	20.43	6.25	1.67	71.66
Ni-SiO₂/Ni-foam	10.13	6.09	1.56	82.31

　　图 4-21 为高温活性测试与稳定性测试后的 Ni-SiO₂/GO-Ni-foam 与 Ni-SiO₂/Ni-foam
催化剂 SEM 表征结果。Ni-SiO₂/Ni-foam 催化剂在活性和稳定性测试后表面发生明显团
聚，表明催化剂发生了烧结。然而，Ni-SiO₂/GO-Ni-foam 催化剂在活性和稳定性测试后
表面形貌几乎未发生变化，证明 Ni-SiO₂/GO-Ni-foam 催化剂具有良好的稳定性。

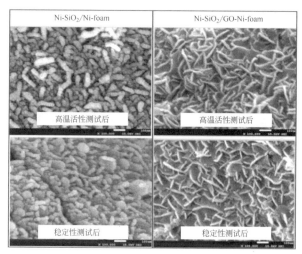

图 4-21　高温活性和稳定性测试后 Ni-SiO₂/GO-Ni-foam
与 Ni-SiO₂/Ni-foam 催化剂的 SEM 表征结果

为了定量测试分析催化剂材料表面官能团的种类与含量，对催化剂进行了傅里叶变换红外光谱（FT-IR）表征，结果如图4-22所示。红外谱图中波数460 cm^{-1}为Ni—O—Si的伸缩振动峰[12]；波数1635 cm^{-1}和3440 cm^{-1}分别对应于水分子中H—O—H弯曲振动峰和表面结合水中—OH官能团的反对称伸缩振动峰；670 cm^{-1}和1035 cm^{-1}波谱分别为δ_{OH}振动峰和Si—O—Si的反伸缩振动峰。上述结果表明片状纳米材料表面为层状硅酸Ni晶体结构。波数为1385 cm^{-1}对应于材料合成过程中引入的有机杂质相，该峰在催化剂高温还原后明显减弱。

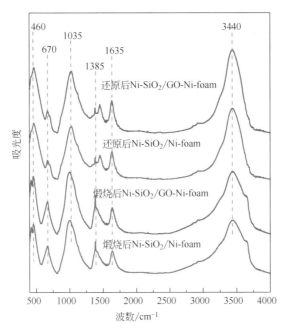

图 4-22　煅烧后与还原后的 Ni-SiO$_2$/Ni-foam、Ni-SiO$_2$/GO-Ni-foam
催化剂傅里叶变换红外光谱表征结果

Ni-SiO$_2$/GO-Ni-foam 与 Ni-SiO$_2$/Ni-foam 催化剂表面原子的结合状态和成键情况通常采用 X 射线光电子能谱（XPS）进行表征。图 4-23 为 XPS 表征得到的催化剂材料表面元素全谱图，图 4-24 分别为 C、O、Si、Ni 四种元素的 XPS 谱图。

图 4-23 XPS 全谱图中含有 Si 2p（BE=130.1 eV）与 Ni 2p 谱峰，表明 SiO$_2$ 成功涂覆在 Ni-foam 和 GO-Ni-foam 载体上[20]。Ni-SiO$_2$/GO-Ni-foam 催化剂表面 Ni/Si 原子比为 0.756，比 Ni-SiO$_2$/Ni-foam 催化剂表面 Ni/Si 原子比 0.613 高 18.9%，进一步证明了引入氧化石墨烯有利于硅酸盐纳米材料在金属 Ni 骨架载体表面的负载。图 4-24 Ni-SiO$_2$/GO-Ni-foam 材料表面 C$_{1s}$ 能谱中 BE=284.8 eV 处为石墨烯六元环中碳原子光电子能谱，C—O 键（BE=286.4 eV）和 C—N 键（BE=288.8 eV）也位于 C$_{1s}$ 谱图中。Ni-SiO$_2$/Ni-foam 材料表面的 Si$_{2p}$ 能谱中 BE=103.1 eV 对应于 Si—O 键，Ni-SiO$_2$/GO-Ni-foam 材料表面 Si$_{2p}$ 能谱在 BE=102 eV 处出现的谱峰对

应于 Si—O—C 键[15]。Ni-SiO$_2$/GO-Ni-foam 材料表面 O$_{1s}$ 能谱包括 3 个组成峰，其中 BE=531.8 eV 归属于 Ni—O 键，BE=533.2 eV 归属于 O—Si 键，BE=530.3 eV 归属于氧化石墨烯与 SiO$_2$ 之间结合的 C—O 键，然而 Ni-SiO$_2$/Ni-foam 材料表面 O$_{1s}$ 能谱中仅包含 BE=531.8 eV 和 BE=533.2 eV 两个组成峰。Ni-SiO$_2$/GO-Ni-foam 与 Ni-SiO$_2$/Ni-foam 材料表面的 Ni 2p 能谱包含很强的卫星峰。其中，BE=856.6 eV 和 BE=862.3 eV 分别归属于 Ni$_{2p_{3/2}}$ 主峰与卫星峰，BE=874.1 eV 和 BE=881.5 eV 分别归属于 Ni$_{2p_{1/2}}$ 主峰与卫星峰，表明两种催化剂表面形成了 NiO 晶粒。NiO 晶粒有助于硅酸盐纳米材料表面—OH 的形成，而表面—OH 对于催化剂在高温反应条件下抗积碳性能有促进作用。

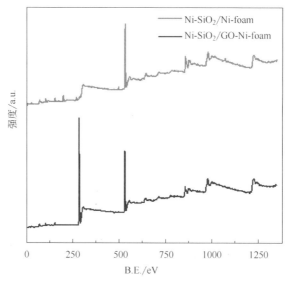

图 4-23　Ni-SiO$_2$/GO-Ni-foam 与 Ni-SiO$_2$/Ni-foam 催化剂表面的 XPS 全谱

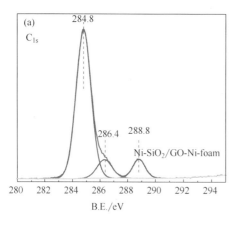

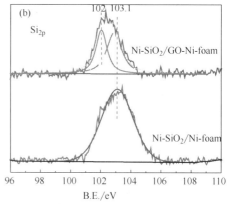

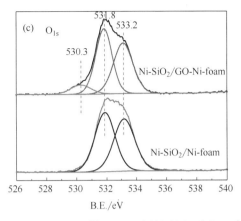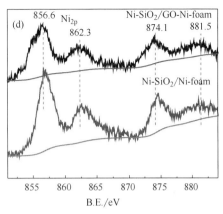

图 4-24　Ni-SiO₂/GO-Ni-foam 与 Ni-SiO₂/Ni-foam 催化剂表面

（a）C₁ₛ；（b）Si₂ₚ；（c）O₁ₛ；（d）Ni₂ₚ XPS 能谱

　　为了检测 Ni-SiO₂/GO-Ni-foam 与 Ni-SiO₂/Ni-foam 催化剂在进行稳定性测试后表面碳沉积含量，对稳定性测试后的两种金属 Ni 骨架催化剂进行了元素分析和热失重（TGA）分析，结果示于图 4-25 与表 4-5 中。元素分析与 TGA 分析结果表明，稳定性测试后的催化剂表面碳沉积含量极低，由此推断金属 Ni 骨架表面的层状硅酸 Ni 纳米材料具有防止高温反应条件下催化剂表面积碳的作用。

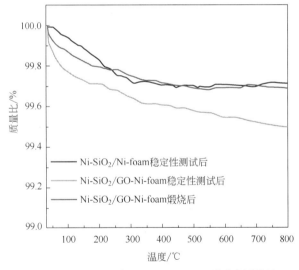

图 4-25　Ni-SiO₂/GO-Ni-foam 与 Ni-SiO₂/Ni-foam 催化剂碳沉积 TGA 分析

表 4-5　72 h 稳定性测试后 Ni-SiO₂/GO-Ni-foam 与 Ni-SiO₂/Ni-foam 催化剂表面的碳元素相对含量分析结果

催化剂	相对碳质比/%
煅烧后 Ni-SiO₂/ Ni-foam	0.07

催化剂	相对碳质比/%
稳定性测试后 Ni-SiO$_2$/ Ni-foam	1.06
煅烧后 Ni-SiO$_2$/GO-Ni-foam	2.75
稳定性测试后 Ni-SiO$_2$/GO-Ni-foam	3.24

为了研究催化剂的还原性能与材料表面金属载体的相互作用情况，对 Ni-SiO$_2$/GO-Ni-foam 与 Ni-SiO$_2$/Ni-foam 材料进行了程序性升温还原（H$_2$-TPR）测试，结果如图 4-26 所示。Ni-SiO$_2$/Ni-foam 表面 415 ℃处的还原峰为纳米材料表面的 NiO 晶粒，定义为 α-NiO；Ni-SiO$_2$/Ni-foam 表面 580 ℃和 Ni-SiO$_2$/GO-Ni-foam 材料表面 620 ℃的还原峰对应于层状硅酸 Ni 纳米材料表面 Ni^{2+}的还原峰，定义为 β-NiO；Ni-SiO$_2$/Ni-foam 和 Ni-SiO$_2$/GO-Ni-foam 表面 800～810 ℃还原峰对应于层状硅酸 Ni 纳米材料体相 Ni^{2+}的还原峰，定义为 γ-NiO[23,25]。根据 H$_2$-TPR 结果，Ni-SiO$_2$/GO- Ni-foam 催化剂具有更高 β-NiO 还原温度和还原面积，由此可以推出 Ni-SiO$_2$/GO-Ni-foam 催化剂材料表面存在比 Ni-SiO$_2$/Ni-foam 催化剂更强的金属-载体相互作用，而且再次印证了引入氧化石墨烯具有促进层状硅酸 Ni 纳米材料在金属 Ni 骨架表面负载的作用。

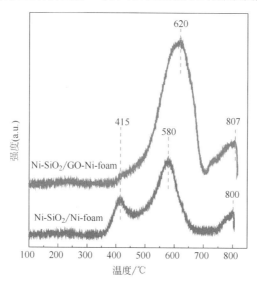

图 4-26　Ni-SiO$_2$/GO-Ni-foam、Ni-SiO$_2$/Ni-foam 催化剂的 H$_2$-TPR 表征

（3）活性测试

CO$_2$加氢甲烷化在 Ni-SiO$_2$/GO-Ni-foam 和 Ni-SiO$_2$/Ni-foam 催化剂存在条件下反应活性随温度与空速的变化关系如图 4-27、表 4-4 和表 4-5 所示。反应温度测试范围为 230～470 ℃，体积空速测试范围为 500～2600/h，反应压力为 1 atm。在空速固定为 500/h，反应进气体积比 H$_2$/CO$_2$/N$_2$=4∶1∶1 时，Ni-foam、GO-Ni-foam、Ni-SiO$_2$/GO-Ni-foam、Ni-SiO$_2$/Ni-foam、Ni-SiO$_2$ 催化加氢反应活性测试规律为：CO$_2$

转化率随温度升高而增大，Ni-foam 和 GO-Ni-foam 催化剂反应活性非常低；
Ni-SiO₂/GO-Ni-foam 催化剂 CO_2 转化率从 230 ℃时 1.69%上升到 470 ℃时 83.7%；
Ni-SiO₂/Ni-foam 催化剂 CO_2 转化率从 230 ℃时 1.19%上升到 470 ℃时 66%；气相色谱
与在线质谱联用检测结果显示反应产物只有 CO 和 CH_4。甲烷收率随温度升高而增加，
Ni-SiO₂/GO-Ni-foam 催化剂在 470 ℃达 82%，远高于 Ni-SiO₂/Ni-foam 催化剂在相同
条件下的数值，因为随着反应温度升高，H_2 的还原作用导致 Ni-SiO₂/GO-Ni-foam 催
化剂活性中心 Ni 含量逐步提高。GO-Ni-foam 与 Ni-foam 催化剂在 470 ℃甲烷收率低
于 3%。在相同条件下，Ni-SiO₂ 催化剂在 470 ℃条件下 CO_2 转化率达到 55%，甲烷收
率为 47.4%。出现这种现象的原因可能为金属 Ni 骨架载体在高温反应条件下有效，
可以移除催化床层积蓄的热量，降低床层温升，从而使 Ni-SiO₂/GO-Ni-foam 催化剂
CO_2 加氢反应活性在高温条件下持续提高。

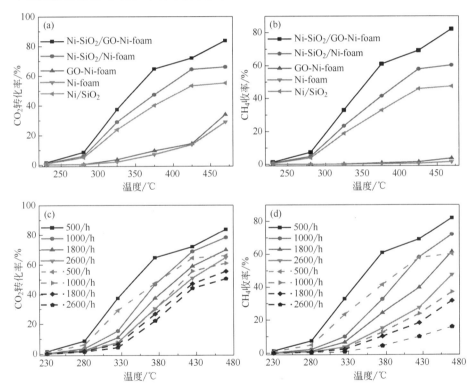

图 4-27　(a) 催化剂 CO_2 转化率；(b) 甲烷收率随空速和反应温度的变化关系；(c) Ni-SiO₂/GO-
　　　Ni-foam 与 Ni-SiO₂/Ni-foam 催化剂 CO_2 转化率；(d) 甲烷收率随空速和反应温度变化关系

　　保持反应温度为 470 ℃时，Ni-SiO₂/GO-Ni-foam 和 Ni-SiO₂/Ni-foam 催化剂 CO_2
转化率随空速增加而降低，因为空速增大时反应物与催化剂活性中心金属 Ni 团簇接
触时间缩小。对于 Ni-SiO₂/GO-Ni-foam 催化剂，470 ℃时甲烷收率从 500/h 时 82%下
降到 2600/h 时 47.6%；对于 Ni-SiO₂/Ni-foam 催化剂，470 ℃时甲烷收率从 500/h 时

60.2%下降到 2600/h 时 15.9%，甲烷收率随空速增加而下降源于反应气体在催化剂表面停留时间的缩短。

活性测试结果表明，Ni-SiO$_2$/GO-Ni-foam 催化剂在相同反应条件下具有最佳催化 CO$_2$ 加氢反应活性。

（4）反应活化能与分子模拟

图 4-28 为 Ni-SiO$_2$/GO-Ni-foam 和 Ni-SiO$_2$/Ni-foam 催化剂 CO$_2$ 加氢甲烷化反应动力学测试结果。当 CH$_4$ 和 H$_2$O 浓度恒定时，反应速率经验方程简化为方程（4-1），同时反应速率与 CO$_2$ 转化率呈线性关系。根据方程（4-1），当反应气体 H$_2$ 与 CO$_2$ 浓度固定时，CO$_2$ 催化加氢反应的活化能便可以计算出来。

$$\ln r = a \ln p_{CO_2} + b \ln p_{H_2} + \ln\left(\frac{-E_a}{RT}\right) \tag{4-1}$$

$$\text{rate}(r) = \frac{Fx}{W} = \frac{x}{W/F} \tag{4-2}$$

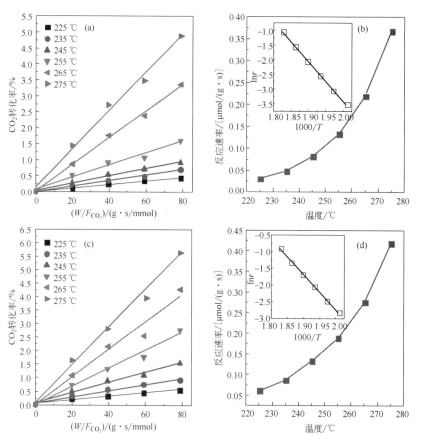

图 4-28 （a）Ni-SiO$_2$/Ni-foam，（c）Ni-SiO$_2$/GO-Ni-foam 催化剂 CO$_2$ 转化率随 W/F_{CO_2} 的变化关系；（b）Ni-SiO$_2$/Ni-foam，（d）Ni-SiO$_2$/GO-Ni-foam 催化剂反应速率与温度的关系

式中，F 为 CO_2 流量；W 为催化剂质量；x 是转化率。W / F_{CO_2} 与 CO_2 转化率呈线性关系，反应速率与温度的倒数 $1/T$ 正相关。在消除了催化反应过程中内扩散与外扩散影响的条件下，据此求得 Ni-SiO$_2$/Ni-foam 催化剂的活化能为 113 kJ/mol，Ni-SiO$_2$/GO-Ni-foam 催化剂的活化能为 87 kJ/mol，表明 Ni-SiO$_2$/GO-Ni-foam 催化剂具有更优异的本征反应活性。

Ni 基催化剂分子模拟是在 Materials Studio 8.0 软件 CASTEP 模块上进行的。图 4-29 为 Ni-SiO$_2$/GO-Ni-foam 和 Ni-SiO$_2$/Ni-foam 催化剂模型。其中，Ni$_4$Si$_4$O$_{12}$ 团簇代表 Ni-SiO$_2$/Ni-foam 催化剂，Ni$_4$Si$_4$O$_{12}$/GO 代表 Ni-SiO$_2$/GO-Ni-foam 催化剂。分子模拟的计算参数设置为：使用 GGA PW91 泛函，能量收敛精度设置为 2×10^{-5} eV/原子；最大剪应力设置为 0.1 GPa；截断能设置为 310 eV；热扰动值设置为 0.1 eV。

根据电子云分布与态密度计算结果，Ni$_4$Si$_4$O$_{12}$ 模型中 Ni$_4$ 团簇的密立根电荷密度为 1.72 e^-，Ni$_4$Si$_4$O$_{12}$/GO 模型中 Ni$_4$ 团簇的密立根电荷密度为 1.63 e^-。引入氧化石墨烯可以将 Ni$_4$ 团簇的电子云密度降低，从而促进了催化加氢还原反应的进行。

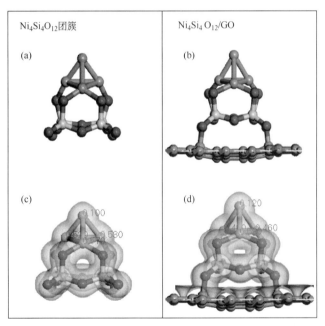

图 4-29　Ni$_4$Si$_4$O$_{12}$ 和 Ni$_4$Si$_4$O$_{12}$/GO 分子模拟几何构型及其电子云密度分布

图 4-30 为 Ni$_4$Si$_4$O$_{12}$ 和 Ni$_4$Si$_4$O$_{12}$/GO 分子模拟几何构型的俯视、侧视与正视图。图 4-31 为在两种分子模拟几何构型上发生 H$_2$ 分子吸附与解离的俯视、侧视与正视图。图 4-32 为在两种分子模拟几何构型上发生 CO$_2$ 分子吸附与解离为 CO 和 O 原子的俯视、侧视与正视图。图 4-33 为计算 Ni$_4$ 团簇在 SiO$_2$ 和 SiO$_2$/GO 分子上最稳定吸附能的分子模拟几何构型图。表 4-6 为分子模拟计算重要参考数据汇总。从分子模拟计算结果可以看出，引入氧化石墨烯可以有效提高 CO$_2$ 在催化剂活性中心的吸附能、降低

CO$_2$解离为 CO 与 O 原子和 H$_2$解离为 2H 原子的能垒，从而促进 Ni-SiO$_2$/GO-Ni-foam 催化剂反应性能的提升。另外，氧化石墨烯可以提高 Ni$_4$团簇与 Si$_4$O$_{12}$分子的吸附能，从而促进 Ni-SiO$_2$/GO-Ni-foam 催化剂耐高温稳定性的增强。

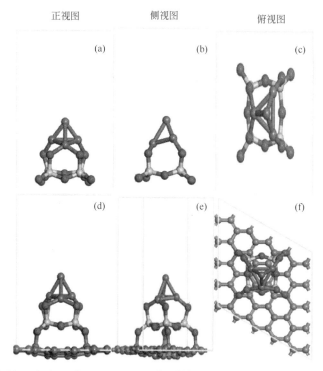

图 4-30   Ni$_4$Si$_4$O$_{12}$ 和 Ni$_4$Si$_4$O$_{12}$/GO 分子模拟几何构型的正视图 （a）（d）、
侧视图 （b）（e）和俯视图 （c）（f）

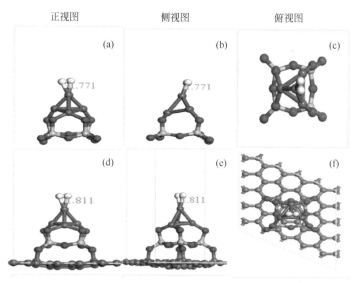

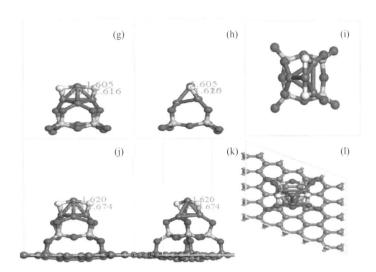

图 4-31　H$_2$ 分子在 Ni$_4$Si$_4$O$_{12}$ 和 Ni$_4$Si$_4$O$_{12}$/GO 团簇吸附几何构型的正视图（a）（d）、
侧视图（b）（e）和俯视图（c）（f）；H$_2$ 分子在 Ni$_4$Si$_4$O$_{12}$ 和 Ni$_4$Si$_4$O$_{12}$/GO 团簇解离
几何构型的正视图（g）（j）、侧视图（h）（k）和俯视图（i）（l）

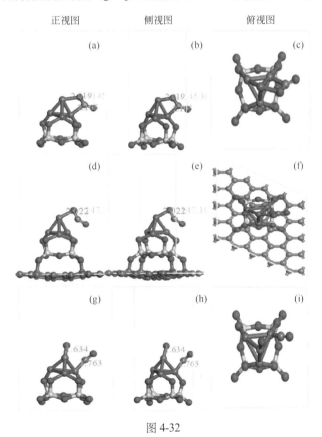

图 4-32

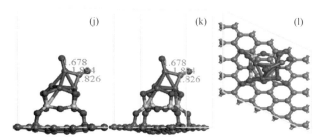

图 4-32　CO_2 分子在 $Ni_4Si_4O_{12}$ 和 $Ni_4Si_4O_{12}/GO$ 团簇吸附几何构型的正视图 （a）（d）、侧视图 （b）（e）和俯视图 （c）（f）；CO_2 分子在 $Ni_4Si_4O_{12}$ 和 $Ni_4Si_4O_{12}/GO$ 团簇解离几何构型的正视图 （g）（j）、侧视图 （h）（k）和俯视图 （i）(l)

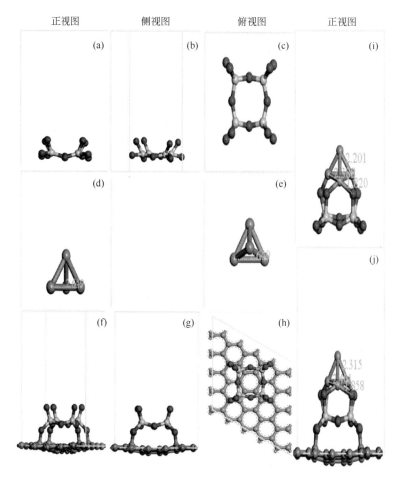

图 4-33　Si_4O_{12}、Ni_4 和 SiO_2/GO 团簇几何构型的正视图 （a）（d）（f）（i）（j）、侧视图 （b）（g）和俯视图 （c）（e）（h）

表 4-6 H_2 解离为 2H 原子、CO_2 解离为 CO 与 O 原子的反应能垒和吉布斯自由能汇总

分子模型	H_2 解离成 H 能垒/eV	H_2 解离成 H 反应能/eV	CO_2 解离成 CO 和 O 能垒/eV	CO_2 解离成 CO 和 O 反应能/eV
$Ni_4Si_4O_{12}$ 团簇	0.73	-0.94	1.99	1.25
$Ni_4Si_4O_{12}$@石墨烯	0.41	-0.49	1.80	0.77

4.3
CO_2 甲烷化装置与运行稳定性

4.3.1 甲烷化装置

甲烷化反应器对于甲烷化工艺技术而言至关重要。因为甲烷化反应会伴随着强烈的放热，在通常气体中，每 1%CO_2 反应会造成约 60 ℃的热力学温度升高。所以甲烷化反应器需要具有优秀的传热能力。出于经济性考虑，反应中释放的大量热应该得到回收利用，如生产高压蒸汽；并且在高温下，反应平衡逆向移动，转化率降低；而且催化剂可能发生积碳、烧结等问题而导致失活、碳化，这是后面要讨论的催化剂和装置运行稳定性问题，因此反应热应尽快通过反应器或反应器间的换热系统移除。

（1）管式反应器设计

管式反应器是一种呈管状、长径比很大的连续操作反应器，属于平推流反应器，反应物的分子在反应器内停留时间相等，所以，在反应器内任何一点上的反应物浓度和化学反应速率都不随时间变化，只随管长变化；反应器内各轴向位置的浓度未必相等，反应速率随空间轴向位置而变化；由于径向具有严格均匀的速度分布，也就是在径向不存在浓度变化，所以反应速率随空间位置的变化将只限于轴向。管式反应器容积小、比表面积大、单位容积的传热面积大，特别适用于放热剧烈的反应和大型化、连续化的化工过程，其生产能力高，返混较小，既适用于液相反应，也适用于气相反应，对于加压反应尤为合适。管式反应器一般分为直管式反应器、立管式反应器、盘管式反应器、U 形管式反应器和列管式反应器。近年来，传统甲烷化反应器主要使用的是固定床管式反应器，通过设备中填充固体催化剂实现非均相反应。

直管式反应器：直管式反应器分为水平管式反应器和立管式反应器。水平管式反应器常用于气相或均液相反应，由无缝管与 U 形管连接而成。这种结构易于加工制造和检修。立管式反应器被运用于液相氨化反应、液相加氢反应、液相氧化反应等工艺中。

盘管式反应器：盘管式反应器是将管式反应器做成盘管形式，设备紧凑节省空间，便于检修和清刷，盘管式反应器由许多水瓶盘管上下重叠串联而成，每一个盘管是由许多半径不同的半圆形管子相连接成螺旋形式，螺旋中间留出空间，便于安装和检修。

U形管式反应器：U形管式反应器的管内设有挡板或搅拌装置，以强化传热和传质的过程，U形管的直径大，物料停留时间增长，可以应用于反应物体较慢的反应。

列管式反应器：列管式固定床反应器，可分为绝热和等温两种不同反应器。绝热反应器是指与外界没有能量交换的反应器，因其设备投资小、催化剂装填量大且装卸方便、运行成本低及操作简便等优点，在工业反应器领域应用广泛。绝热固定床外部通常采用列管式换热器经逐步换热移走反应热，传热面积大，在装入催化剂后气体湍动加剧。列管式固定床反应器的设计既要考虑热稳定性，同时也要避免在参数高灵敏性区域内操作，因为在高灵敏性区域内操作时，反应器操作条件小的改变就可能导致反应器失控。列管式固定床反应器由于气固接触受限，反应速率低、装置庞大、热量不易移除，其一般在 500～700 ℃、2.0～4.0 MPa 的高温高压条件下运行，绝热反应器催化剂床层压降较高，造成系统能量的损失。自身并没有有效的控温手段，在操作过程中只能通过增大汽气比或循环比来控制反应器温度，能量不能及时撤出。一旦出现热量积累现象容易导致反应器飞温、催化剂高温烧结等问题，将严重考验反应器的承压耐温能力。

(2) 反应器传热因素的分析

① 调节反应速率控制放热　放热速率主要由催化剂活性决定。催化剂活性过高，反应速率过快，放热速率过大，反应就会超温。因此为了降低反应速率和放热速率，控制热点温度，需要调节催化剂的活性。

a. 催化剂活性抑制剂。添加催化剂活性抑制剂的目的是通过添加抑制剂，毒化部分催化剂，调节催化剂活性，降低反应速率，从而控制反应温度。因为有时过高的活性反而有害，会影响反应器移热而导致飞温，加剧副反应进行、导致选择性下降，甚至引起催化剂积炭失活。催化剂活性抑制剂的添加方法主要有两种，一个是在催化剂配方中添加抑制剂；另一个是在原料中添加抑制剂。

b. 催化剂活性稀释剂。反应器的原料入口处附近反应物浓度高，反应速率快，放出的热量来不及移走，致使物料温度升高，而温度升高促使反应以更快的速率进行，释放出更多的热量，导致温度进一步升高，形成恶性循环。特别对于反应热大和反应速率快的反应来说这种现象更为严重，甚至会产生飞温。反应后期，反应物浓度降低，反应速率和放热速率减缓，温度降低。所以为控制反应前期的放热速率，在原料入口处附近的反应器内放置一定高度为惰性载体稀释的催化剂，或放置一定高度已部分老化的催化剂，从而降低原料入口处附近的反应速率，降低放热速率，使其与移热速率尽可能平衡，使热点温度降低并且后移，避免产生飞温。

c. 催化剂颗粒的影响。催化剂颗粒大小、颗粒内温度与浓度分布和床层的传热等原因最终会影响反应速率和反应器的温度。随着粒径的减小，轴向温度升高，其主要原因是在床层空隙率不变的情况下，颗粒直径变小后，内扩散影响减小，有效因子变大，催化剂活性增强，反应速率增加，床层中边壁给热系数虽然变大，但径向有效热导系率减小得更快，使得反应过程中热量移走速率变慢，床层温度升高，温高升高后又使反应速率增加，使热点温度升得更高，同时催化剂颗粒直径过小，压降变大，不利于反应，所以存在一个最佳的催化剂颗粒直径。

② 反应器强化传热　为了能将反应放出的热量移走。而放热速率与移热速率都与反应器结构有关，因此优化反应器设计是控制反应温度的一个重要的方法。

a. 热电偶。列管式固定床催化剂颗粒内部温度高于物料温度，同时反应器内还存在径向温度分布和轴向温度分布，因此固定床反应器的温度监控显得非常重要，反应管中热电偶的测温点的数目和位置决定了对温度监控的准确性，特别对热点温度的检测更为重要。观察热点的移动和整个床层温度分布，同时与反应的转化率和产物选择性的变化进行关联，从而达到优化操作的目的。尽量避免出现热电偶显示温度并不很高，但实际催化剂内部温度或者热点温度已经很高，甚至产生飞温的情况。

b. 反应器管径。列管式固定床反应器管径大小直接决定着反应器内径向温差、换热面积、轴向温差和投资成本。反应器管径较大，所需的列管根数较少，方便反应器的制造，降低造价；但若管径过大，列管根数少，换热面积大大减少，移热速率迅速下降，径向温差和轴向温差变大，床层易发生超温，反应器失去操作状态稳定性。因此，对反应管有最大管径的限制。防止飞温的发生，优化反应器设计非常重要。列管反应器的管径、长度、数目以及排列方式等结构及其移热能力会影响反应热移出反应管的速率。同时催化剂的装填颗粒大小、装填量与反应器管径尺寸有合适的关系，一般工程上认为要忽略壁效应，减少径向温差，催化剂床层直径与催化剂颗粒直径之比大于8，但催化剂床层直径与催化剂颗粒直径之比太大则移热速率会下降，移热更困难。

c. 折流板。对于列管式反应器的一个主要问题是如何催化反应和及时撤出反应管内的反应热，以及数千根甚至数万根反应管移热均衡性，以便操作状态均一。在反应器内安装用于引导冷却剂的折流板，作用是使冷却剂均匀地与每根反应管接触，消除流动的死角，同时增强流体在管间流动的湍流程度，增大传热系数，提高传热效率，撤出反应热，从而有效地控制温度。

③ 原料浓度　原料浓度是影响化学反应速率和反应器生产能力的重要因素，在一定的条件下表现出参数的敏感性。由于参数敏感性的影响，进料浓度不得不被限制在一定的范围内，以确保反应系统稳定而安全地进行。为了降低原料浓度但又保证产品收率不变，可以采用多个反应器串联和分开进料的方法，从而达到降低反应物浓度，有效控制温度的目的。如果将反应产物经过换热器冷却后与冷的原料混合进入下一个反应器反应，这样控温效果更好。

④ 冷却介质　管间冷却介质温度越低，传热推动力越大，有利于移去反应热；

但是若冷却介质温度过低，会造成催化剂床层沿管壁处过冷，催化剂活性下降，也会失去操作状态的热稳定性。因此，管式反应器床层反应温度和管间冷却介质温度有其最大温差的限制。

⑤ 空速 空速是一个比较敏感的参数，空速的提高可以明显地降低热点温度。这是因为空速的提高增大了原料的线速度，从而增大了床层内侧传热系数，降低了床层内部的热阻。由于反应热主要经由径向传热移出，而径向传热的阻力主要集中在床层内侧，因此空速对降低热点温度有较大的影响。空速对收率也有一定的影响，空速较小时，一方面，流体在反应器中的流速较慢，停留时间较长，反应程度必然加深，随着副反应的加剧选择率下降；另一方面，空速小，管内热阻大，反应热不能及时移出，热点温度随之上升，同样也造成选择率下降。随着空速的增大，反应气在管内的线速度加快，管内热阻减小，反应热能及时移走，副反应减少，选择率增大，收率也增大。但是，若空速过大，热点温度下降幅度很大，反应不够完全而导致反应转化率下降。

(3) 传热强化反应器模拟

应用 Fluent 软件对反应管内温度进行模拟的首要步骤是建立模拟对象的物理模型。甲烷化反应涉及气固两相反应，反应器内流体传质传递过程较为复杂。为减小计算量，我们对甲烷化反应体系的物理模型进行了一定的简化处理。具体假设如下：①应用多孔介质模型模拟催化剂在反应管内的装填状态，以中心球立方模型为基础计算泡沫金属载体结构参数；②将三维反应管简化为二维轴对称模型，模型相关特征尺寸按实际情况设定；③仅考虑对流传热和热传导，忽略热辐射在反应中的影响；④以稳态模型计算最终的流体流动状态以及热量分布情况。在以上四点假设的基础上，采用了四边形网格对模型进行网格划分。同时，为了对催化剂床层区域的温度进行更详细的研究，对该区域网格进行了加密处理。为了实验的准确性，本章一共对三种尺寸的反应管内的温度分布情况进行了模拟研究，分别为内径 10 mm、内径 15 mm 和内径 100 mm 的三种反应管。其中还对小尺寸的反应管（内径 10 mm 和 15 mm）在实验室条件下催化剂床层的最大温升进行了监控记录，并与模拟结果相互验证。不同内径反应管的物理模型简图如图4-34所示，由上至下分别为管径为 10 mm、15 mm 和 100 mm的反应管，反应体积空速均为 5000 h^{-1}。图示数字单位均为 mm，催化剂装填区域为反应管中段，设置为恒温段，催化剂装填段前后设置为绝热段。

Fluent 软件在催化反应过程中反应热的拟合主要采用有限速率体积反应模型，甲烷化反应的速率定义如下：

$$r = \frac{x}{W/F_i} = A\exp(-\frac{E_a}{RT})p_{CO}^a p_{H_2}^b p_{CH_4}^c p_{CO_2}^d \tag{4-3}$$

式中，r 为反应速率；x 为转化率；W 为催化剂的填充质量；F_i 为原料组分的摩尔质量；A 为指前因子；E_a 为化学反应的活化能；a、b、c、d 分别为相应组分的反应级数。在模拟过程中需要填写反应活化能以及相应的反应级数等参数。对于反应活化能的测定方法基于阿伦尼乌斯方程，在稳定原料气浓度的情况下改变催化剂的质量，测定不同温度下的一氧化碳转化率并对记录的数据进行相应的拟合，以 W/F 为横轴，一氧化碳转化率为纵轴，计算不同温度下的反应速率。由阿伦尼乌斯公式的对数形式 $[\ln r=-E_a/(RT)+x]$，以反应速率的对数为纵轴、温度的倒数为横轴，即可得出相应的活化能，通过数据拟合绘制图 4-35，最终确定该催化剂的活化能约为 23.45 kJ/mol，与已有文献报道的该反应体系下的催化剂（如 MoS_2/CeO_2-Al_2O_3等）测定值[27]接近。

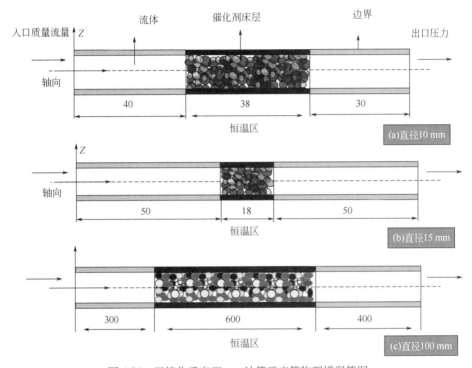

图 4-34 甲烷化反应 Fluent 计算反应管物理模型简图

反应级数的测定则是在转化率较低的情况下通过控制反应物氢气或者一氧化碳的分压来确定的。转化率的控制通过减小催化剂的装填量，在转化率较低的情况下近似认定 $p_{CH_4}^c$ 以及 $p_{CO_2}^d$ 固定不变，则在控制氢气分压不变并改变 CO 分压的情况下，对式（4-3）取对数可得下式：

$$\ln r= a\ln p_{CO}+\ln k \tag{4-4}$$

由式（4-4）即可得到相应的 CO 的反应级数 a，同理控制 CO 分压不变，只改变氢气分压可得到氢气的反应级数 b。

在实际反应条件下，依据相关公式计算得到的流体雷诺数数值小于 5，可认定流体处于层流流动状态。在流体模拟过程中，流体在通过催化剂床层时的压降损失主要有黏性损失和惯性损失两个方面，在 Fluent 软件中以黏性阻力系数和惯性阻力系数对其进行描述。其中 MoS_2/Al_2O_3 催化剂的以上参数可直接通过 Ergun 方程计算得出；泡

沫金属载体的相关阻力系数则需要通过改进的 Ergun 方程[21]计算。Ergun 方程为
Forchheimer 模型的修正，以颗粒直径、孔隙率、流体物性参数为基础构建了流动阻
力模型，在流体力学模拟上得到验证并广泛采用，方程如（4-3）所示：

$$\frac{\Delta p}{L} = A\frac{(1-\varepsilon)^2\mu}{\varepsilon^3 d_p^2}u + B\frac{(1-\varepsilon)}{\varepsilon^3 d_p}\rho u^2 \tag{4-5}$$

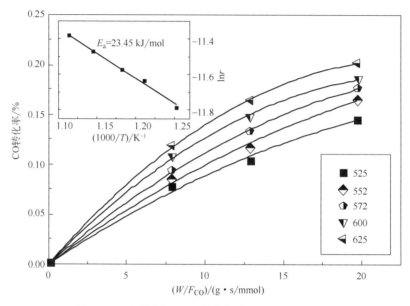

图 4-35　不同温度下 CO 转化率随 W/F_{CO} 的变化曲线

式中，A 为黏性项无量纲系数；B 为惯性项无量纲系数；ε 为多孔材料的孔隙率，
可通过压汞法等测得；d_p 则为单个颗粒的当量直径，本实验中采用的金属氧化物负载
的钼基催化剂粒度为 40～60 目，则当量直径约为 0.375 mm。根据 Fluent 文件官方帮
助文档第六章中关于多孔介质模型参数设置的相关描述，取 A 为 150，B 为 3.5，则
MoS_2/Al_2O_3 催化剂的黏性阻力设置参数 C_1 和惯性阻力设置参数 C_2 分别为：

$$C_1 = 150 \times \frac{(1-\varepsilon)^2}{\varepsilon^3 d_p^2} = 1.05 \times 10^{10}$$

$$C_2 = 3.5 \times \frac{(1-\varepsilon)}{\varepsilon^3 d_p} = 1.41 \times 10^5$$

对于高孔隙率泡沫金属材料内的流动阻力特性的经验描述式的形式与式（4-5）
类似，但是因泡沫材料本身结构的复杂性，相关参数有细微差别。相关学者研究并提
出了以下形式的扩展 Ergun 方程，与实际流体运动情况拟合较好：

$$\frac{\Delta p}{L} = A^*\frac{(1-\varepsilon)^2\mu}{\varepsilon^3 d_p^2}u + B^*\frac{(1-\varepsilon)}{\varepsilon^3 d_p}\rho u^2 \tag{4-6}$$

上式中 $A^*=A/C^2$，$B^*=B/C$，其中 C 为：

$$C=\frac{2(1-\varepsilon)\left[5.57-80.51\left(\dfrac{\varepsilon}{\pi}\right)^3+15.46\left(\dfrac{\varepsilon}{\pi}\right)^2-4.47\dfrac{\varepsilon}{\pi}\right]}{(\pi+4\varepsilon)\left[1.33-40.26\left(\dfrac{\varepsilon}{\pi}\right)^3+7.73\left(\dfrac{\varepsilon}{\pi}\right)^2-2.24\dfrac{\varepsilon}{\pi}\right]} \tag{4-7}$$

将泡沫金属催化剂孔隙率、当量直径等相关参数代入式子中，计算得出其黏性阻力设置参数 C_1 和惯性阻力设置参数 C_2 分别为：

$$C_1=150\frac{(1-\varepsilon)^2}{\varepsilon^3 d_p^2 C^2}=3.64\times10^7$$

$$C_2=3.5\frac{(1-\varepsilon)}{\varepsilon^3 d_p C}=1.86\times10^3$$

在 CFD 计算过程中涉及的其他参数，如混合流体的密度、黏度、雷诺数、扩散系数以及传质系数等分别查阅物理化学手册，按照以下公式进行计算：

$$\rho_m=\sum(\rho_i y_i) \tag{4-8}$$

式中，ρ_m 为混合流体的平均密度，kg/m^3；ρ_i 和 y_i 分别为流体中各纯组分的密度和摩尔分率。

$$\mu_m=\frac{\sum(\mu_i y_i M_i^2)}{\sum(y_i M_i^2)} \tag{4-9}$$

式中，μ_m 为混合流体的动力学黏度，$Pa\cdot s$；M_i 为流体中各纯组分的摩尔质量，g/mol。

$$Re_s=\frac{\rho u}{S_A \mu} \tag{4-10}$$

式中，Re_s 为改进的雷诺数；u 为流体流速，m/s；S_A 为多孔介质的比表面积。以上式子中各单位均取 Fluent 软件中系统默认单位。

甲烷化模拟过程中边界条件的设置依据实际反应情况设置，其中原料气进反应管以及出反应管温度均设定为 550 ℃。在 10 mm 内径的反应模拟中，催化剂装填量为 3 mL，反应管恒温区温度设定在 550 ℃，反应空速为 5000 h^{-1}，其中氢气、一氧化碳、氮气的入口流量分别为 100 mL/min、100 mL/min 和 50 mL/min。原料气经反应管后依实验值其 CO 转化率约为 30%，甲烷选择性约为 52%。催化剂颗粒以多孔介质模型模拟，其物性参数设置如表 4-7 所示。反应模拟过程中各流体物性参数按照分段线性函数设置。流体热导率以及黏度系数相关值可在物理化学手册上查阅，并按照质量分率混合法则计算。混合流体密度等则按照体积分率混合法则进行计算。

相关物性参数计算完毕后，①首先将绘制的网格导入软件中进行网格划分校验并验证其网格密度能否满足模拟要求；②设定压力求解器；③设定有限速率体积反应模型并填写 4.2.2 节中计算得出的相关动力学参数；④设定边界条件，其中原料气入口以质量入口边界，出口以压力出口边界，出口压力设定为 3.00 MPa，反应管壁面按实际反应情况设定恒温区，除恒温区外管壁热量传递形式设定为壁面耦合传热；⑤设定算法、迭代次数以及收敛条件，初始化后进行计算。经过上述软件模拟求解之后能得到相应条件下的温度分布云图，通过软件绘制导出之后再做分析。

表 4-7　CFD 数值模拟中催化剂固体的相关参数

催化剂	孔隙率/%	$\kappa^{①}_{e}$/ [W/(m·K)]
MoS$_2$-Al$_2$O$_3$/Ni-foam	0.95	4.59
MoS$_2$/Al$_2$O$_3$	0.35	1.32

① 有效热导率 κ_e 按照公式 $\kappa_e=\varepsilon\kappa_{fluid}+(1-\varepsilon)\kappa_{solid}$ 计算，其中 κ_{fluid} 为流体热导率，κ_{solid} 为纯固体的热导率；ε 为催化剂固体的孔隙率。

在 Fluent 软件对流体力学特性进行模拟的过程中，计算模型的选择以及建立对模拟结果的准确性有极大影响，建模失误则所得模拟结果基本不具备可参考性。为了确保软件模拟结果的真实可靠，本章设计了实验方案对管径分别为 10 mm 和 15 mm 的反应管在反应过程中催化剂床层内的最大温升进行了监控。以 15 mm 直径反应管为例，为了对催化剂床层轴心位置的温度进行监控，在 15 mm 直径泡沫镍圆片圆心处打出 3 mm 直径的孔，将负载活性组分之后的催化剂逐一堆叠在外径 3 mm 的不锈钢管子上，如图 4-36（c）所示。该不锈钢管靠近催化剂床层一侧做密闭处理，以确保反应过程中无气体从该侧泄漏，另一端做开口处理以插入精密热电偶。在反应过程中，通过移动热电偶端点的位置以对催化剂床层轴向的温度分布做测量。

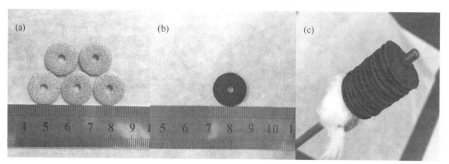

图 4-36　（a）ϕ15 mm 的泡沫镍骨架；（b）ϕ15 mm MoS$_2$-Al$_2$O$_3$/Ni-foam 催化剂；
（c）堆叠在 ϕ3 mm 钢管上的催化剂

分别装填有 MoS$_2$-Al$_2$O$_3$/Ni-foam 和 MoS$_2$/Al$_2$O$_3$ 的反应管在甲烷化反应稳态下的 CFD 模拟计算所得温度分布云图如图 4-37 所示，实验过程中监测到的反应管中的最大温升数据以及模拟结果中的最大温升数据整理至表 4-8 中。温度云图 4-37（a）中反应管内径为 10 mm，从图中可以看出，在两种内径的反应管中，MoS$_2$/Al$_2$O$_3$ 催化剂床层和 MoS$_2$-Al$_2$O$_3$/Ni-foam 催化剂床层均出现了不同程度的热点，床层上段温度要明显高于床层下段的温度，这是由于原料气刚接触反应管时 CO 和氢气的浓度较大，反应速率较快，故放出的热量较大。在反应管后段原料气的浓度较低，故而热效应相对不是很明显。管径为 10 mm 和 15 mm 时，MoS_2/Al_2O_3 催化剂床层的最大温升 CFD 模拟值分别为 3.80 ℃和 53.20 ℃，对应的实验监测最大温升则为 5.00 ℃和 32.00 ℃。15 mm 反应管径时温度差异较大，可能是因为反应管上下两端保温不够充分，有热量散逸的可能。与此同时，MoS_2-Al_2O_3/Ni-foam 催化剂在反应管径分别为 10 mm 和 15 mm 时模拟的最大温升分别为 0.70 ℃和 7.20 ℃，与之对应的实验监测得到的最大温升分别为 3.00 ℃和 9.00 ℃。实验值与模拟值较接近，说明本研究的 CFD 模拟计算方法的选择与建立是可靠的。通过以上数据可以看出，在装填有两种不同催化剂的直径不同的反应管中，传统的氧化铝载体负载的催化剂床层内的最大温升均明显大于泡沫金属载体催化剂床层。这说明采用泡沫金属作为催化剂载体应用于甲烷化反应等强放热反应，对催化剂床层的温度均匀分布是有利的，能有效避免床层热点的出现，有利于催化反应的高效平稳进行。

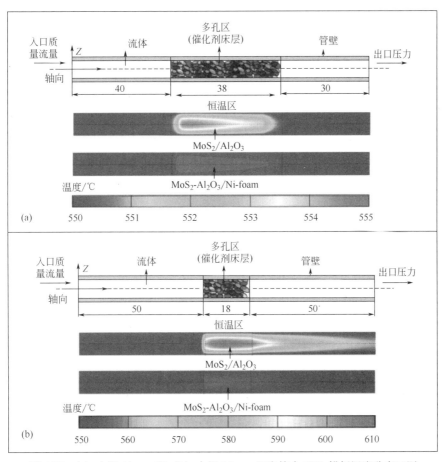

图 4-37 （a）内径 10 mm 和（b）内径 15 mm 反应管内 CFD 模拟温度分布云图

表4-8 MoS₂/Al₂O₃ 和 MoS₂-Al₂O₃/Ni-foam 催化剂在不同尺寸反应管中的模拟和实测最大温升

催化剂	反应管直径/mm	CFD 模拟最大温升/ ℃	实验监测最大温升/ ℃
MoS₂/Al₂O₃	10	3.80	5.00
	15	53.20	32.00
	100	240.20	—
MoS₂-Al₂O₃/Ni-foam	10	0.70	3.00
	15	7.20	9.00
	100	50.80	—

在实验室条件下，通过对分别装填有 MoS₂/Al₂O₃ 和 MoS₂-Al₂O₃/Ni-foam 两种催化剂的反应管在耐硫甲烷化反应中的温度分布模拟以及实际温升监控，可以看出本文中采用的模拟方法是可靠的。对于制备得到的催化剂在实际工业生产中的表现我们仍心存疑虑，因此对这两种催化剂在内径 100 mm 的反应管中应用本文中的模拟方法对其在甲烷化反应过程中稳态情况下的温度分布情况进行了 CFD 模拟，物理模型以及温度分布云图如图 4-38 所示，相关数据整理至表 4-8 中。

从温度分布云图中可以看出，传统金属氧化物载体催化剂在实验设定条件下催化剂床层温升明显，最大温升达到约 240 ℃，远远高于以金属泡沫为载体的催化剂。后者最大温升仅约 51 ℃，在实际工业生产应用中可通过简单的段间换热使得反应管内温度动态稳定。与此同时，泡沫金属钼基催化剂反应床层两端的轴向和径向温度梯度都不大，这对于抑制催化剂表面活性组分烧结和维持催化剂结构稳定性是有利的。而颗粒状填充床层沿流体方向两端有极大的温差，温升主要集中在后半段且在出催化床层之后的流体仍有较高的温度。这是因为颗粒状催化剂导热性能过差，无法将热量及时有效地从催化剂床层导出。由以上模拟结果可见，金属泡沫基催化剂在工业尺寸的固定床反应器中也能够有效增强催化剂床层传热性能并及时分散、转移反应热，达到避免不可控热点的出现，有极大的应用前景。

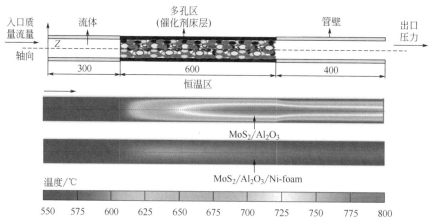

图 4-38 内径 100 mm 反应管 CFD 数值模拟物理模型以及反应管内温度分布云图

4.3.2 甲烷化稳定性

甲烷化反应在工业上应用较广，从热力学角度分析甲烷化反应可以发现 CO 制甲烷的反应是一个强放热的反应，该反应的关键点在于开发高效催化剂，在提高 CO 的转化率和甲烷选择性的同时，防止催化剂活性组分团聚以及积炭失活。对甲烷化反应机理的深入理解与研究有利于设计、构筑高效催化剂。

甲烷化反应过程中涉及的组分较多，可能会伴随发生很多副反应，绝大多数是应极力避免的，有可能发生的反应总结归纳如下：

$$CO + 3H_2 \longrightarrow CH_4 + H_2O \qquad \Delta H_0 = -206 \text{ kJ/mol} \qquad (4\text{-}11)$$

$$CO_2 + 4H_2 \longrightarrow CH_4 + 2H_2O \qquad \Delta H_0 = -165 \text{ kJ/mol} \qquad (4\text{-}12)$$

$$2CO \longrightarrow C + CO_2 \qquad \Delta H_0 = -173 \text{ kJ/mol} \qquad (4\text{-}13)$$

$$CO + H_2O \longrightarrow H_2 + CO_2 \qquad \Delta H_0 = -41 \text{ kJ/mol} \qquad (4\text{-}14)$$

$$CH_4 \longrightarrow C + 2H_2 \qquad \Delta H_0 = 75 \text{ kJ/mol} \qquad (4\text{-}15)$$

$$C + H_2O \longrightarrow H_2 + CO \qquad \Delta H_0 = 131 \text{ kJ/mol} \qquad (4\text{-}16)$$

$$2CO + 5H_2 \longrightarrow C_2H_6 + 2H_2O \qquad \Delta H_0 = -347 \text{ kJ/mol} \qquad (4\text{-}17)$$

一般认为 CO_2 催化加氢制备甲烷经历两个主要的平行反应（其他副反应忽略的条件下），即主反应为 CO_2 加氢合成甲烷，副反应为 CO_2 加氢合成 CO，其反应式和有关热力学数据如下：

$$CO_2 + 4H_2 =\!=\!= CH_4(g) + 2H_2O(g)$$

$$\Delta H(298K) = -165 \text{ kJ/mol}, \quad \Delta G(298K) = -114 \text{ kJ/mol}, \quad \Delta n = -2$$

$$CO_2 + H_2 =\!=\!= CO(g) + H_2O(g) \qquad (4\text{-}18)$$

$$\Delta H(298K) = 41 \text{ kJ/mol}, \quad \Delta G(298K) = 27 \text{ kJ/mol} \qquad \Delta n = 0$$

由以上的反应式和相关热力学数据可以看出，主反应（4-12）是分子数减少的放热反应，副反应（4-18）是分子数不变的吸热反应。根据化学平衡原理，提高反应温度对生成甲烷不利，但却能够促进副反应的进行。同时，根据平衡移动原理，增加压力有利于促进体积缩小的主反应的进行，而对于体积不变的副反应几乎没有影响。因此，为了提高平衡条件下甲烷的选择性与收率，反应适宜在较低的温度和较高的压力下进行。然而由于 CO_2 分子具有极强的化学惰性，低温下活化 CO_2 分子相当困难，这一点直接限制了 CO_2 加氢甲烷化反应分子转化率的提高与甲烷收率的提升，而且考虑到动力学、能量消耗和现有反应器设备的承受能力等因素，催化加氢反应的压力不能太高。考虑到 CO_2 分子惰性的限制因素，应提高反应温度，以增加其单位体积内活化分子数，有利于反应的进行，所以反应温度一般控制在 250～300 ℃进行。另外，在适当增加反应温度的同时，应当考虑压力的作用与影响，确保在一定条件下（$\Delta G < 0$），使甲烷化反应成为热力学上所允许的催化反应。

由于甲烷化反应强放热的特点，制备得到的催化剂必须要有一定的抗烧结以及不易积碳的性能，否则不利于工业放大。当前工业上通行的做法是通过多套甲烷化反应器串联运行，利用多个设备热量交换并通过循环原料气稀释合成气中的 CO 组分含量来达到减小反应热，降低反应器温升的目的，这无疑加大了反应设备的资金投入，增加了经济成本。

图 4-39 为 4 种不同平均长度的硅酸镍纳米管催化剂稳定性测试结果。稳定性测试条件为：GHSV=4500 mL/(g·h)，反应温度为 500 ℃，$H_2/CO_2/N_2$ 体积比为 4:1:1，反应压力为 1 atm，测试时间为 100 h。图 4-39(a) 和图 4-39(b) 测试结果表明，3-Ni/PSn 和 4-Ni/PSn 催化剂均具有良好的高温稳定性，其中 CO_2 转化率：3-Ni/PSn 在 0h 为 60%，100h 变为 58%；4-Ni/PSn 在 0h 为 58%，100h 变为 55%。对于甲烷选择性：3-Ni/PSn 在 0h 为 85%，100h 变为 83%；4-Ni/PSn 在 0h 为 88%，100h 变为 86%。图 4-39(c) 为 4 种硅酸镍纳米管催化剂的 TGA 分析曲线，其中图 1-Ni/PSn 具有最大质量损失 15%，表明 4 种硅酸盐纳米材料具有很好的热稳定性。图 4-39(d) 为 4 种硅酸镍纳米管催化剂在稳定性测试后的积碳分析曲线，其中 3-Ni/PSn 和 4-Ni/PSn 位于 450 ℃ 与 650 ℃ 处的宽峰归因于硅酸盐纳米管壁上金属 Ni 颗粒的氧化。图 4-39(d) 结果表明 4-Ni/PSn 催化剂具有最佳抗积碳性能，由于 4-Ni/PSn 纳米材料表面羟基数量依次高于 3-Ni/PSn、2-Ni/PSn、1-Ni/PSn，纳米材料表面的羟基含量与催化剂抗积碳性能呈正相关曲线。

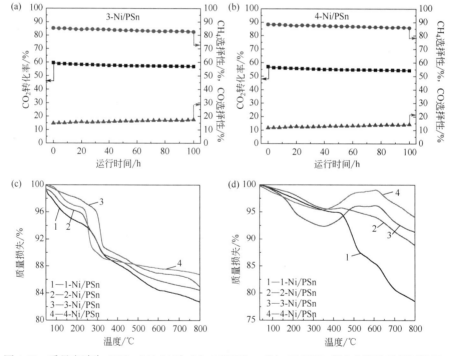

图 4-39　质量空速为 4500 mL/(g·h)时 (a) 3-Ni/PSn、(b) 4-Ni/PSn 催化剂稳定性测试结果；
(c) 煅烧前的管催化剂 TGA 分析曲线；(d) 稳定性测试 100 h 后催化剂的 TGA 积碳分析

由于 CO_2 甲烷化反应在高温条件下强放热,很容易导致 Ni 基催化剂烧结,因此有必要对 Ni-SiO$_2$/GO-Ni-foam 催化剂进行稳定性测试。催化剂稳定性测试条件为:反应温度 470 ℃,空速 500 /h,反应压力 0.1 MPa,测试时间设置为 72 h,测试结果如图 4-40 所示。在 Ni-SiO$_2$/GO-Ni-foam 催化剂存在下,72 h 内 CO_2 转化率保持 80%,甲烷选择性保持 91%,催化剂未失活,表面形貌基本未发生变化;在 Ni-SiO$_2$/Ni-foam 催化剂存在下,72 h 内 CO_2 转化率从 0 h 时 62% 下降到 72 h 时 54.3%,甲烷选择性从 0 h 时 88% 下降到 72 h 时 64%,催化剂活性降低,表面形貌也发生团聚。在稳定性测试过程中,Ni-SiO$_2$/GO-Ni-foam 催化剂比表面积从 10.07 m^2/g 略降低为 9.32 m^2/g,Ni-SiO$_2$/Ni-foam 催化剂比表面积从 8.36 m^2/g 下降到 6.49 m^2/g。

催化剂稳定性测试结果表明,在相同反应条件下,Ni-SiO$_2$/GO-Ni-foam 催化剂比 Ni-SiO$_2$/Ni-foam 催化剂表现出更良好的高温稳定性。

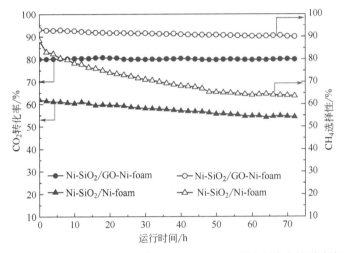

图 4-40 Ni-SiO$_2$/GO-Ni-foam 与 Ni-SiO$_2$/Ni-foam 催化剂稳定性测试结果

4.4
CO_2 甲烷化系统工艺优化与能耗

4.4.1 甲烷化工艺

(1) 实验室甲烷化

实验室中催化剂活性评价装置如图 4-41 和图 4-42 所示,是由 CO_2 加氢反应的反应装置与反应产物分析装置构成。反应装置主要由气体混合缓冲罐、气体预热器、固定床管式反应器和温度压力控制系统四个主要部分构成。反应所需的甲烷、二氧化碳及氢气均由钢瓶提供，由质量流量计控制流量与进气比，然后进入缓冲罐混合。混合气进入预热器预热到100℃左右，进入固定床反应器，固定床反应器的床层反应区由催化剂填充，混合气在床层上反应，得到的产物在反应温度下均为气体，与未完全反应的气体经保温尾气管进入气相色谱仪在线检测。管式反应器350 mm，内径15 mm。热电偶置于催化剂床层中间位置，以测定反应温度，由背压阀控制反应器内部压力。反应分析装置主要为配置有TCD检测器的气相色谱仪，TCD检测器用来分析CO、CO_2、CH_4。由这些分析结果可以定量计算CO_2转化率和反应产物的选择性、收率等数据。

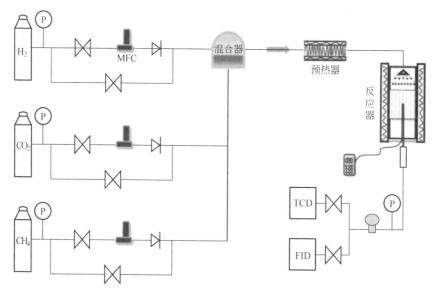

图 4-41　CO_2催化加氢合成甲烷反应示意图

图 4-42　CO_2催化加氢合成甲烷反应装置

(2) 工业甲烷化

工业甲烷化工艺流程主要包括三部分，气体净化段、主甲烷化段及补充甲烷化段（图 4-43），各阶段的功能如下。

① 气体净化段：在气体净化段，主要功能将硫等对甲烷化催化剂有毒的杂质移除。

② 主甲烷化段：超过 90%的 CO 和 H_2 被转化为 CH_4 和水。由于甲烷化反应是一个强烈放热的过程，通过循环部分反应器出口合成气至反应器入口来保证甲烷化放热反应不会飞温。

③ 补充甲烷化段：根据原料气的规格及产品要求，通过降低反应温度及反应气中的含水量，使反应向有利于生成物的方向进行，以获得含有高浓度 CH_4 的 SNG 产品。

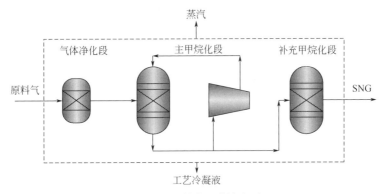

图 4-43 甲烷化工艺流程图

合成气甲烷化技术按照反应器类型可以分为绝热固定床、等温固定床、流化床和浆态床等工艺。其中绝热固定床甲烷化技术最为成熟并且其应用最为广泛，对现有绝热甲烷化工艺来说主要存在以下问题：①反应器出口温度高；②工艺流程长；③能量利用率低，对绝热甲烷化工艺的研究应主要放在能量高效利用、提高催化剂寿命等方面。等温固定床工艺流程较短，能量利用率高，在焦炉煤气甲烷化项目中获得了成功应用，未来需要解决的就是低温催化剂研发和换热能力强的等温反应器研发及工程放大等问题。对于流化床甲烷化工艺同样需要解决工程化放大的问题，这将促进流化床甲烷化技术的工业化应用。浆态床甲烷化技术的研究尚不成熟，在提高转化率和降低催化剂损耗方面仍需研究。

托普索公司开发甲烷化工艺技术采用托普索专利甲烷化催化剂 MCR-2X，该催化剂可在宽温区（250～700 ℃）范围内保持稳定的活性，整个甲烷化装置设置 4 或 5 段（根据出口 CO 浓度要求，可调整反应器数量）甲烷化绝热反应器，主反应器出口设置中压废锅或高压废锅，并利用过热器将蒸汽过热后送全厂蒸汽管网，利用部分气体循环控制反应器温度。利用其催化剂可在高温下进行反应的性能，也可以降低循环气量，减少压缩能耗。

托普索 TREMP 甲烷化技术具有如下特点：

① 可以产出高压或中压过热蒸汽，用于驱动大型压缩机，能量利用效率高；

② 热回收效率高，理论上分析，约 84%的工艺余热可分别通过副产过热蒸汽、预热锅炉给水、预热除盐水等方式回收；

③ 采用 GCC 调节降低 1 号主甲烷化反应器的 CO 含量，控制反应器超温，降低循环气的流量，从而进一步降低循环气压缩机的功耗；

④ 高品质的合成天然气，甲烷含量 94%～97%，高位热值 8900～9100 kcal/m³，产品中其他组分很少。

托普索 TREMP 甲烷化工艺流程见图 4-44。

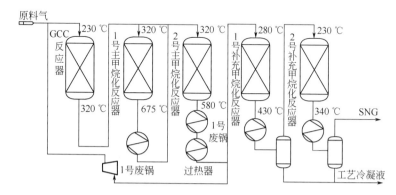

图 4-44　托普索 TREMP™ 甲烷化工艺流程图

CRG 技术最初是由英国燃气公司（BG 公司）在 60 年代末和 70 年代初开发的，是将容易获取的液体馏分作为原料来生产低热值城市煤气的工艺流程中的一部分。从 70 年代末和 80 年代初起，BG 公司将其研发的注意力转到煤气化上，并开发出了熔渣气化炉（BGL 炉），作为其开发的一部分，BG 公司开发了使用 CRG 催化剂的工艺，将来自气化炉的富含氢气和一氧化碳的气体进行大量甲烷化。

2008 年，中国大唐克旗煤制天然气项目与戴维签订了甲烷化技术转让合同，该项目采用戴维的 CRG 甲烷化工艺生成 SNG，共三个等规模系列，单系列产能为 13.3 亿立方米 SNG，该项目第一系列已于 2013 年开车，一直稳定运行，第二系列 2015 年建设投产。

戴维甲烷化技术具有如下特点：

① 可以产出高压或中压过热蒸汽，用于驱动大型压缩机，能量利用效率高；

② 热回收效率高，理论上分析，约 84%的工艺余热可分别通过副产过热蒸汽、预热锅炉给水、预热除盐水等方式回收；

③ 高品质的合成天然气，甲烷含量 94%～97%，高位热值 8900～9100 kcal/m³，产品中其他组分很少。

戴维 CRG 甲烷化工艺流程见图 4-45。

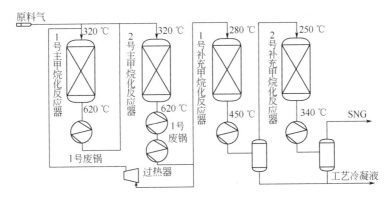

图 4-45 戴维 CRG 甲烷化工艺流程图

20 世纪 70 年代，丹麦 Topsoe 公司开发出 TREMP 甲烷化工艺，并建立了相应的装置，这些装置累计运行超过 11000 h。基于 TREMP 甲烷化工艺，Topsoe 公司又开发出首段循环五段甲烷化工艺。其工艺流程示意如图 4-46 所示。该工艺包含五个绝热甲烷化反应器，其中第一、第二反应器采用串并联方式连接，第二、第三、第四、第五反应器依次串联，同时采用部分工艺气循环来降低反应器绝热温升。循环气温度在 180～210 ℃之间。第一、第二反应器出口温度约为 675 ℃。同样 Topsoe 甲烷化工艺中所用原料气氢碳比约等于 3，总硫含量不能大于 0.2 mg/m³，所以原料气进入甲烷化反应器之前要设置单独的精脱硫反应器将原料气中总硫降至 0.03 mg/m³ 以下。目前国内的新疆庆华煤制天然气项目、内蒙古汇能煤制气项目、中电投霍城煤制气项目均采用 Topsoe 甲烷化工艺。

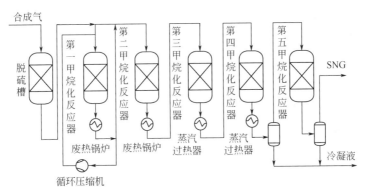

图 4-46　丹麦 Topsoe 公司开发出 TREMP 甲烷化工艺

20 世纪 70 年代，英国 Davy 公司研发出 CRG 甲烷化催化剂并开发出配套的 CRG 甲烷化工艺技术。至 20 世纪 90 年代，Davy 公司在原有技术的基础上开发出了 Davy 甲烷化工艺技术，其流程示意如图 4-47 所示。该工艺一般包含 4 个甲烷化反应器，第一及第二反应器采用串并联的方式进行连接，与 Lurgi 和 Topsoe 工艺不同，Davy 工艺采用第二反应器出口工艺气循环来控制反应器温升，循环工艺气温度为 150～

155 ℃，第一及第二反应器出口温度在 620 ℃左右。原料气中的总硫含量要求小于 0.2 mg/m³，原料气经脱硫槽后总硫含量降至 0.02 mg/m³ 以下再进入甲烷化反应器。目前我国的大唐克旗煤制气项目、大唐阜新煤制气项目、伊犁新天煤制天然气项目均采用 Davy 甲烷化工艺。

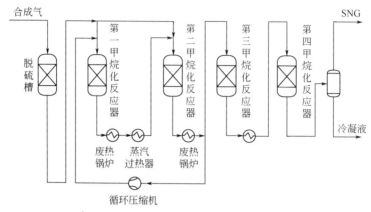

图 4-47 英国 Davy 公司研发出 CRG 甲烷化工艺

大唐国际化工技术研究院有限公司（大唐化工院）基于自主研发的预还原甲烷化催化剂开发了绝热四段串并联甲烷化工艺，工艺流程如图 4-48 所示。该工艺的四个反应器均采用串并联的方式进行连接，其中第一、第二反应器为高温甲烷化反应器，通过控制进入第三、第四反应器中的原料气流量可以调节产品气质量。同 Davy 工艺类似该工艺采用第二反应器出口工艺气循环的办法来控制反应器温升，循环气温度控制在 170～190 ℃之间，第一及第二反应器温度在 600～650 ℃之间。原料气中的总硫含量要求小于 0.2 mg/m³，原料气经脱硫槽后总硫含量降至 0.02 mg/m³ 以下再进入甲烷化反应器。根据副产蒸汽品位的不同，可以将废热锅炉和蒸汽过热器在第一及第二反应器出

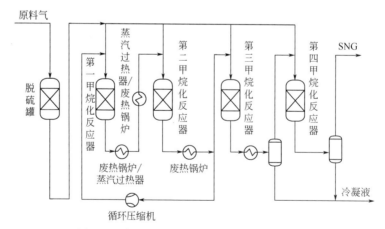

图 4-48 大唐化工院绝热四段串并联甲烷化工艺

口组合使用回收反应热。按工业化标准,大唐化工院建成了 3000 m³/h 替代天然气 (SNG) 的甲烷化装置,并稳定运行超过 5000 h,产品气质量达到了国家天然气标准 (GB 17820—2012) 一类气指标要求。

合成气直接进行绝热甲烷化反应,反应器温度可能超过 900 ℃,这对反应器、废热锅炉及配管的材料要求很高。同时催化剂在高温条件下可能烧结,甲烷在高温条件下可能发生析碳反应,增大催化剂床层阻力,降低催化剂寿命,所以控制反应温升不仅能使反应平衡正向移动,还可以保护设备及催化剂。目前,常用的控温手段有以下几种:①采用分段反应分段移热的方法降低每段反应器内的绝热温升;②采取工艺气循环来降低反应气中 CO 的浓度,进而降低反应温升;③可以向工艺气中添加水蒸气,水蒸气一方面可以稀释原料气,同时水的热容较大,可以作为传热介质带走反应器中的热量,降低反应器温升。通常根据绝热甲烷化反应器出口温度的不同,将其分为高温甲烷化工艺和中低温甲烷化工艺,其中高温甲烷化工艺反应器出口温度大于 500 ℃,中低温甲烷化工艺反应器出口温度小于 500 ℃。目前已经工业化的甲烷化工艺多为绝热甲烷化工艺,为了控制反应器温升、降低循环气流量、减小反应器体积通常将原料气分成两股或多股进入不同的甲烷化反应器。如 Lurgi、Davy、Topsoe 均将原料气分为两股分别进入第一和第二甲烷化反应器,大唐化工院工艺将原料气分为 4 股分别进入 4 个甲烷化反应器中。由于原料气初始浓度较高,一般前两个反应器温升较高,所以一般采用工艺气循环或添加水蒸气的方式来控制反应温升。不同工艺中循环气温度及循环位置有所差别,循环气温度越高,其水含量越多,则控温能力越强,所需循环量也越少,循环气流量的改变对换热网络有一定影响。对现有绝热甲烷化工艺来说均存在反应器出口温度高的问题,由于反应温度高,受热力学平衡限制 CO 不能完全转化,所以需要在高温甲烷化反应器之后添加中低温反应器,以达到提高 CO 转化率的目的。这样势必造成工艺流程长、能量利用率低等问题。与绝热固定床甲烷化技术相比,等温甲烷化工艺流程简单,能量利用率相对较高且操作成本低。

上海华西化工科技有限公司开发了焦炉煤气等温甲烷化技术,其工艺流程如图 4-49 所示。净化后的焦炉气升温脱硫至 250～300 ℃,然后进入等温甲烷化反应器进行反应,产品气经后续处理后得到合成天然气 (CNG)。该等温甲烷化技术当产品气 H_2 含量大于 5% 时,CO 转化率大于 99.95%,CO_2 转化率大于 99.9%,反应器出口工艺气中 CO 和 CO_2 含量小于 50 mL/m³。此技术在曲靖市麒麟气体能源有限公司焦炉气制 LNG 项目上获得了成功应用。

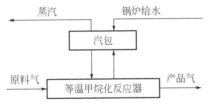

图 4-49 上海华西化工科技有限公司焦炉煤气等温甲烷化技术

4.4.2　工艺优化与能耗分析

化工生产过程的优化，是在满足产品质量、安全和环保等方面的前提条件下，通过对实际生产流程的模拟找到能使能耗最低、产量最高、原材料消耗最低的经济效益最优的流程结构、设备选型和尺寸最佳的操作条件。过程优化对于过程机理清楚的问题的含义包括过程参数优化及过程系统结构优化两个层面。过程参数优化指化工生产工艺流程已经确定而且生产流程内部的每一个设备的参数都是在运行稳定的前提下取得的最优操作参数。过程系统结构优化指找到最佳的工艺流程使得一个不合理工艺流程结构达到已知的原料条件和最终产品要求的方法，来完成既定的任务。过程机理清晰、机理模型简单的问题进行优化结果比较精确，其约束方程是通过分析过程的物理、化学本质和机理，利用化学工程学的基本理论建立的描述过程特性的数学模型及边界条件。这种数学模型往往比较复杂，具有大型稀疏性特点，因此，需要采用较为特殊的优化方法进行求解计算；如果选择的求解计算方法不正确或者不合适，将降低优化迭代计算的速度。对于过程机理不明确、机理模型复杂、建立数学方程组或者方程组求解计算困难的问题，可通过建立模型进行优化。实际数据作为建立模型的主要依据，重点关注输入-输出关系，对数据进行统计分析得出各过程参数之间的函数关系。该方法模型关系式简单，不需要特殊的求解算法。但是外延性能相对不理想。化工模拟优化的对象可以是一个工段、一个车间、一套生产装置，乃至整个生产企业需要建立数学模型并对建立的数学模型进行求解计算的，涉及化学反应器、换热设备、传质分离设备、流体输送设备等，化工流程的模拟及优化计算等其他学科的计算，将会涉及能源、原材料、设备投资、产品价格等经济领域的问题。化工反应设备的操作性能指标将直接决定着化工生产过程的技术经济指标，技术指标又决定着经济指标两者是相互制约、相互依赖的。在实际的化工生产过程，一般需要以下步骤。

① 分析问题：针对过程对象的特点、相互影响因素、内在的关系进行系统全面的分析，正确地找出需要优化的目标。

② 建立优化模型：按照优化目标的客观规律和要求，选择针对性强的、符合要求的决策变量，建立符合要求的目标函数和数学模型。

③ 模型的简化：当选择的优化目标是大而复杂的模型时，可对过程模拟进行分析，凭借工程经验，将优化模型进行简化或分解成较小的模块。

④ 优化方法选择：在综合分析优化目标后，结合工程实际，确定最佳的优化方法，保证精准计算。

⑤ 求解优化：按照建立的数学模型的要求和选择的最适宜的优化方法，在满足约束条件的前提下，计算出优化后的模型的函数值，并找出最优解。

⑥ 结果分析：在找到最优模型讲义及最优解后，根据工程建设和生产的知识对

最优模型和最优解进行分析,如果发现结果不合理或者不可行,可根据要求进行调整,重新优化。

⑦ 结果验证:针对一些复杂的对象,可适当地进行灵敏度的分析、操作中可进行必要的监控,完成后进行分析验证,确保使优化目标最优化。

(1) 两段甲烷化过程优化

上述两段甲烷化工艺释放的有效能有限,且低温蒸汽的做功能力不强,那么提高工艺物流温度是工艺优化主要考虑的方面。因此,提出产品气循环稀释物料并提高输送床出口温度,达到提高两段甲烷化工艺能效的目的,同时二段固定床出口气循环与一段出口气循环相比可以减小粉尘对压缩机的影响。考虑到两段甲烷化工艺生产能力及压缩机循环功率等问题,应控制循环比在0~0.7范围内,研究提高输送床出口温度的可能性。优化工艺模拟流程如图4-50所示。

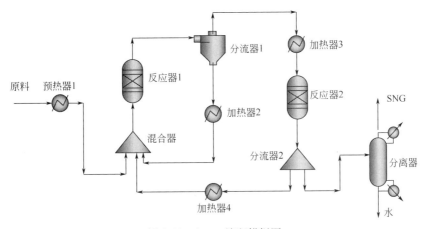

图 4-50 Aspen 流程模拟图

循环气温度经换热器冷却到输送床原料气进口温度。以生成合格产品气为目标,对优化后二段部分气体循环的两段甲烷化工艺进行研究,探究工艺循环提高一段出口温度的可能性,表4-9给出了循环比与输送床出口温度之间的关系。

表 4-9 循环比与输送床出口温度之间的关系

温度/℃	440	450	460	470	480	490	500
循环比	0	0.12	0.27	0.42	0.58	0.85	1.01
热负荷/kW	-4824.34	-4532.77	-4157.69	-3736.65	-3267.21	-2529.59	-1953.36

研究表明:要提高一段输送床产品气出口温度,保证两段甲烷化生成合格的产品气,释放较高的有效能,需在一定范围内增大循环比,但不宜过大,以免增加压缩机对能效的影响。故优化后两段甲烷化工艺循环比选择为0.58,此时输送床出口温度可保持在480℃左右,能量品位及释放的有效能升高(图4-51)。

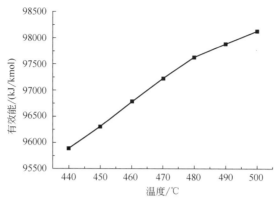

图 4-51   输送床出口温度对两段甲烷化能效的影响

由图 4-51 可知，增加循环后导致释放的有效能增加，既提高了两段甲烷化过程的整体能效，又提高了其能量品位，所以此优化设计可行。分析可知，把一段甲烷化出口温度由 440 ℃提高到 480 ℃，每生成 1 kmol CH_4 释放的有效能增加 1748.18 kJ，释放的有效能提高了 3.2%，以年产 55 亿立方米煤制天然气甲烷化工艺为例，相当于 $1.46×10^5$ t 标准煤。此时，优化后的操作条件为：一段进口温度 260 ℃，出口温度 480 ℃，反应器热负荷为 3627.21 kW，此时一段出口组成 CH_4 含量约为 86%，二段进口 250 ℃，二段出口 320 ℃，出口 SNG 中 CH_4 含量为 95%。

① 建立两段甲烷化工艺流程，进行分析得出：通过较大热负荷控制一段出口温度在 440 ℃，一段出口甲烷含量约为 86%，此时二段进口 250 ℃时，出口温度 307 ℃，出口甲烷含量大于 95%，此时两段甲烷化工艺可生成合格产品气。

② 研究了进料温度、反应压力、CO_2 含量、氢碳比对两段甲烷化过程的影响，确定了适宜的操作条件。其中，进料温度对两段甲烷化工艺释放有效能影响较大，反应压力、CO_2 含量的增加对两段甲烷化工艺释放有效能影响不大。

③ 对两段甲烷化工艺进行优化，提出产品气循环的优化方案。确保生成合格产品气的条件下，使输送床出口温度由 440 ℃提高到 480 ℃，释放的有效能提高了 3.2%，提高了两段工艺释放的有效能总量及能量品位。

从化工过程的理论设计研究到化工过程的工业放大之间会产生一系列的问题，传热、传质都会发生较大的改变，所以工程上的换热设计就显得尤为重要。一般来说，一个完整的工艺包括需要加热的冷物流与需要冷却的热物流，热物流和冷物流之间可相互匹配交换热量，达到换热的目的。从工程角度来说，以节约能量为目标，冷热物流要尽可能在同一段工艺之内进行换热，或者在邻近工艺段进行换热。同时，需考虑设备对换热过程的影响及设备之间的就近安装等问题。

夹点分析[22]是由英国的 Bodo-Linnhoff 于 1983 年提出的一种换热网络之间的优化原理[23]。首先要确定冷热物流的初始温度及终了温度，然后根据换热网络之间的温度差计算出最小传热温差，在最小温差确定的情况下再找出夹点温度。夹点温度把需要换热的物流分成两部分，一部分是夹点之下，一部分是夹点之上，同时规定换热器不能穿过夹点温度进行换热，在夹点上下分别对换热网络进行优化。夹点之上只设有冷凝器，夹点之下只设有加热器，借以对换热网络进行理论优化。随着夹点分析的发展，相继提出撕裂流股、复合曲线、设备与流股复合总曲线[24]等。其中复合曲线是指以焓差为横坐标，温度为纵坐标的夹点分析的另一种表达方法，它可以直观地表达出最小传热温差，且复合曲线上可以进行反应器等设备的添加，这为实际工艺的换热提供了极大的方便。同时，复合曲线也对换热物流进行了分类，分为副产高压蒸汽的物流、中压物流及低压物流，以上均为实际工艺的换热取舍提供了便利。本文利用 Aspen Energy Analyzer[28]对两段甲烷化新工艺流程进行换热匹配，并找出换热网络的最优化方案。

（2）利用 Aspen Energy Analyzer 对两段甲烷化换热网络优化

Aspen Energy Analyzer 对流股进行换热匹配也是依据夹点分析的原理，以其中总费用最低为目标，得出换热网络图。打开 Aspen Energy Analyzer，导入 Aspen Plus 已建好的两段甲烷化工艺流程。如图 4-52 所示。

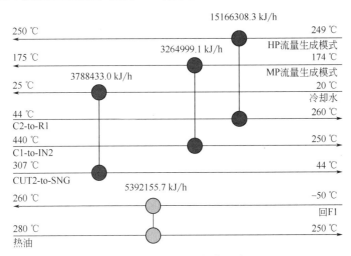

图 4-52　两段甲烷化换热网络图

对输送床-固定床两段甲烷化工艺进行换热匹配可知，要使费用最低，则需要用公用工程对物料进行换热。

同理，使用 Aspen Energy Analyzer 对优化后的两段甲烷化工艺进行能量的匹配与换热优化，得到如图 4-53 的换热网络。

由夹点分析可知，用固定床入口换热器的全部热量、催化剂循环换热器可放出的部分热量和与产品气循环换热器的部分热量用来加热原料气，至此唯一的冷物流都已被加热完，剩下的热量用冷公用工程匹配，也可把能量提供给其他工段，这样匹配换热器之间的冷、热物流彼此换热，可以很好地减少能耗，达到能量优化的一个目的，为工业放大提供指导。

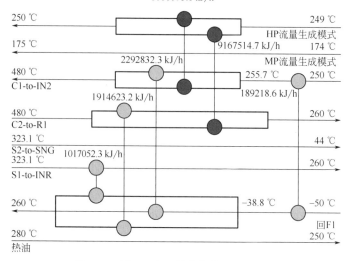

图 4-53 循环两段甲烷化换热网络匹配图

重点分析 CO_2 甲烷化过程的总能耗。CO_2 捕集作为供应 CO_2 的一种技术,其设备优化与降低能耗方面已经有较为成熟的研究。本文采取文献中优化了贫液 CO_2 负载率、塔板数与塔内压降等操作参数后的 CO_2 捕集能参考值,每千克 CO_2 能耗为 2.95 MJ,则捕集部分总的固定能耗为 649737.5 MJ/h。在 Aspen 模拟中将 CO_2 甲烷化部分的各个模块所需的能量进行统计,主要以热量、冷量与电能 3 种方式体现。其中,热量主要用于反应气体的预热,冷量主要用于压缩机的降温,电能主要用于各类压缩机的能量供应。参考文献中不同反应器类型的能量回收效率,考虑流化床反应器的出口温度较高,可作为高品位的热量最大限度回收,回收效率按 80% 计算,固定床级间换热器的热量也进行回收,回收效率按照 60% 计算,则 CO_2 甲烷化过程所需能量与能量回收值见表 4-10。

表 4-10 CO_2 甲烷化过程所需能量与能量回收

能量类型	CH_4 能耗/(MJ/kg)	
	恒温流化床	绝热固定床
热量	2.12	0.75
冷量	6.69	6.70
电能	7.36	7.49
热量回收	9.85	6.35

为了将 3 种形式的能量进行统一分析,根据《石油化工设计能耗计算标准》(GB/T 50441—2016)提供的能量折算方法,将各种形式的能量统一为标准油的发热量(1 kg 标准油=41.868 MJ 发热量),则若以 7～12 ℃的冷却工质作为冷源,其能量折算值为

0.42 MJ/MJ，电能的能量折算值为 9.21 MJ/kW·h，即 2.56 MJ/MJ。CO_2 甲烷化部分过程能耗可以由

$$W_{process} = W_{hot} + \alpha W_{cold} + \beta W_{electric} - W_{recovery} \qquad (4\text{-}19)$$

式中，$\alpha = 0.42$；$\beta = 2.56$；W_{hot} 为过程所需热量；W_{cold} 为过程所需冷量；$W_{electric}$ 过程所需电能；$W_{recovery}$ 为过程回收的热量。由式（4-19）计算得到恒温流化床每千克 CH_4 能耗为 13.91 MJ，绝热固定床每千克 CH_4 能耗为 16.40 MJ。工艺的总能耗计算公式为：

$$W_t = W_{process} + W_{CO_2} + W_{H_2} \qquad (4\text{-}20)$$

采用不同的 H_2 来源，工艺的总能耗也会随之变化（图 4-54）。图 4-54 中，直线的截距即为过程能耗。由图 4-54 可以看出，选择可再生能源制氢作为氢源会大大降低总能耗，相比于选择传统工艺制氢作为氢源最多可降低 82% 的总能耗。

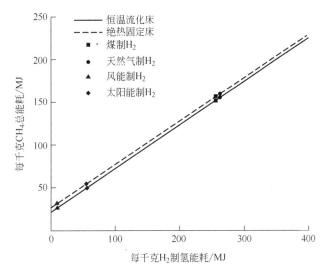

图 4-54　制氢能耗对甲烷化工艺总能耗的影响

前期设备投资包括工艺生产装置、辅助生产装置、公用工程、厂内基本设施与厂内外系统建设等部分[25]。本流程中捕集 CO_2 的量为 220.25 t/h，则固定投资为 15 亿~20 亿元。CO_2 甲烷化的设备投资以煤制天然气工艺中的甲烷化部分做参考，本流程中采用 2 种反应器形式的 CH_4 产量均为 80 t/h，设备投资估算为 5 亿~10 亿元，催化剂等化学品采购费用估算为 0.2 亿~0.4 亿元。综上，前期的建厂总投资估算为 20 亿~30 亿元。以 CO_2 甲烷化为主体进行核算，取年运行工时为 8000 h，以流化床反应器工艺为例，本工艺的年运营成本计算公式为：

$$C_t = C_{energy} + C_{H_2O} + C_{salary} + C_{CO_2} + C_{H_2} \qquad (4\text{-}21)$$

式中，C_{energy} 为 CO_2 甲烷化过程能耗所需花费，能耗计算公式见式（4-19），考虑过程供能来源于煤，价格取 0.077 元/MJ，则由式（4-21）计算得到每立方米 CH_4（标

准状态，下同）所需供能花费为 0.76 元；C_{salary} 为人员工资，按同等工厂规模估算为 0.2 亿/年[26]，则每立方米 CH_4 所需人工费为 0.02 元；C_{CO_2} 为 CO_2 捕集部分的费用，作为甲烷化部分的原料成本，考虑 MEA 原料的成本以及所需能量的花费，整个捕集费用（每吨 CO_2）约为 353.69 元，则每立方米 CH_4 所需 CO_2 原料成本为 0.7 元；C_{H_2} 为 H_2 采购费用，H_2 原料用量为 40.77 t/h，采购费用随不同 H_2 来源的价格浮动较大，生产 CH_4 的运营成本随 H_2 成本的变化如图 4-55 所示。

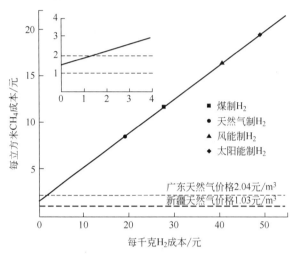

图 4-55　H_2 成本对 CH_4 成本的影响

只有在能够获得大量廉价 H_2 来源的部分地区的燃煤电厂下游采用本工艺才有可能获得经济收益，目前可再生能源的制氢价格较高，还无法使此工艺盈利。

4.5
本章小结

二氧化碳甲烷化在工业上是比较成熟的工艺，工艺优化和换热网络的设计在国内外都有应用实践，耐高温、耐硫、高活性的甲烷化催化剂依然是目前研究和工业应用的重点。然而，针对沼气直接甲烷化的工艺研究还较为缺乏；对于电制天然气过程而言，沼气中碳浓度高，甲烷化反应是可逆反应，对催化剂的活性和抗积碳性能要求更高，同时与波动可再生电能制氢的能量耦合和工艺过程更加复杂，需要更加深入的实验和模拟研究，以实现高效的沼气制天然气过程。

参考文献

[1] Shi G D, Yu L, Ba X, et al. Copper nanoparticle interspersed MoS_2 nanoflowers with enhanced efficiency for CO_2 electrochemical reduction to fuel[J]. Dalton Transactions, 2017, 46 (32): 10569-10577.

[2] Deng J, Li H, Wang S, et al. Multiscale structural and electronic control of molybdenum disulfide foam for highly efficient hydrogen production[J]. Nature Communications, 2017, 8 14430.

[3] Yan K, Lu Y. Direct Growth of MoS_2 Microspheres on Ni Foam as a Hybrid Nanocomposite Efficient for Oxygen Evolution Reaction[J]. Small, 2016, 12(22): 2975-2981.

[4] Liu S J, Zhang X, Zhang J, et al. MoS_2 with tunable surface structure directed by thiophene adsorption toward HDS and HER[J]. Science China-Materials, 2016, 59 (12): 1051-1061.

[5] Pan H, Zhang Y.-W. Tuning the Electronic and Magnetic Properties of MoS_2 Nanoribbons by Strain Engineering[J]. The Journal of Physical Chemistry C, 2012, 116 (21): 11752-11757.

[6] Happel J, Hnatow M A, Bajars L. Methods of making high activity transition metal catalysts[J].1982, 4491639:

[7] 伏义路, 陆炜杰, 黄志刚, 等. 不同载体上硫化的钼催化剂甲烷化反应与低温氧吸附的研究[J]. 中国科学技术大学学报, 1989, (2): 171-177.

[8] Wang H, Lin C, Li Z, et al. Influence of Water on the Methanation Performance of Mo-Based Sulfur-Resistant Catalysts with and without Cobalt Additive[J]. Bulletin of the Korean Chemical Society, 2015, 36 (1): 74-82.

[9] 李振花, 曲江磊, 王玮涵, 等. 临 CO_2 气氛下钼基催化剂耐硫甲烷化性能研究[J]. 燃料化学学报, 2016, (8): 985-992.

[10] Zhu W J, Jin J H, Chen X, et al. Enhanced activity and stability of La-doped CeO_2 monolithic catalysts for lean-oxygen methane combustion[J]. Environmental Science and Pollution Research, 2018, 25 (6): 5643-5654.

[11] Atanga M A, Rezaei F, Jawad A, et al. Oxidative dehydrogenation of propane to propylene with carbon dioxide[J]. Applied Catalysis B-Environmental, 2018, 220: 429-445.

[12] Li Y., Zhang Q, Chai R, et al. Metal-foam-structured $Ni-Al_2O_3$ catalysts: Wet chemical etching preparation and syngas methanation performance[J]. Applied Catalysis A: General, 2016, 510: 216-226.

[13] Hutter C, Büchi D, Zuber V, et al. Heat transfer in metal foams and designed porous media[J]. Chemical Engineering Science, 2011, 66 (17): 3806-3814.

[14] Hamdouche A, Azzi A, Abboudi S, et al. Enhancement of heat exchanger thermal hydraulic performance using aluminum foam[J]. Experimental Thermal and Fluid Science, 2018, 92: 1-12.

[15] Lu Z, Zhang H, Tang S, et al. Molybdenum Disulfide-Alumina/Nickel-Foam Catalyst with Enhanced Heat Transfer for Syngas Sulfur-Resistant Methanation[J]. ChemCatChem, 2018, 10 (4): 720-724.

[16] Liang Z, Gao P, Tang Z, et al. Three dimensional porous Cu-Zn/Al foam monolithic catalyst for CO_2 hydrogenation to methanol in microreactor[J]. Journal of CO_2 Utilization, 2017, 21: 191-199.

[17] Giani L, Cristiani C, Groppi G, et al. Washcoating method for $Pd/\gamma-Al_2O_3$ deposition on metallic foams[J]. Applied Catalysis B: Environmental, 2006, 62 (1): 121-131.

[18] Deepak F L, Mayoral A, Yacaman M J. Faceted MoS_2 nanotubes and nanoflowers[J]. Materials Chemistry and Physics, 2009, 118 (2-3): 392-397.

[19] He Z, Que W. Molybdenum disulfide nanomaterials: Structures, properties, synthesis and recent progress on hydrogen evolution reaction[J]. Applied Materials Today, 2016, 3: 23-56.

[20] 姜洪涛，华炜，计建炳. 甲烷重整制合成气镍催化剂积炭研究[J]. 化学进展，2013, (5): 859-868.

[21] Woudberg S, Du Plessis J P. An analytical Ergun-type equation for porous foams[J]. Chemical Engineering Science, 2016, 148: 44-54.

[22] Zhu X, Huo P, Zhang Y.-p, et al. Structure and reactivity of plasma treated Ni/Al$_2$O$_3$ catalyst for CO$_2$ reforming of methane. Applied Catalysis B: Environmental, 2008, 81 (1-2): 132-140.

[23] Wei X, Tang C, Wang X, et al. Copper Silicate Hydrate Hollow Spheres Constructed by Nanotubes Encapsulated in Reduced Graphene Oxide as Long-Life Lithium-Ion Battery Anode. ACS applied materials & interfaces, 2015, 7 (48): 26572-8.

[24] Louis P B M C C. Molecular Approach to the Mechanism of Deposition-Precipitation of the Ni(II) Phase on Silica.J.Phys.Chem.B, 1998, 102: 2722-2732.

[25] Abate S, Mebrahtu C, Giglio E, et al. Catalytic Performance of γ-Al$_2$O$_3$-ZrO$_2$-TiO$_2$-CeO$_2$ Composite Oxide Supported Ni-Based Catalysts for CO$_2$ Methanation. Industrial & Engineering Chemistry Research, 2016, 55 (16): 4451-4460.

[26] J.-N.Park, McFarland E W. A highly dispersed Pd–Mg/SiO$_2$ catalyst active for methanation of CO$_2$. Journal of Catalysis, 2009, 266 (1): 92-97.

[27] Westermann A, Azambre B, Bacariza M C.et al. Insight into CO$_2$ methanation mechanism over NiUSY zeolites: An operando IR study. Applied Catalysis B: Environmental, 2015, 174-175: 120-125.

[28] Spange F S H-J. J S. The versatile surface properties of poly(cyclopentadiene)-modified silica particles (PCPD–silica): XPS and electrokinetic studies. Colloid Polym Sci, 1998, 276: 930-939.

第 5 章

基于沼气–SOEC 的电制甲烷系统集成研究

5.1
沼气–SOEC 制甲烷整体集成方案

5.1.1　工艺流程

本章提出了一种富余电能与沼气联合制生物天然气技术。该技术通过电解池将富余电能转化为氢能，再通过甲烷化反应将沼气中的 CO_2 加氢甲烷化生成生物天然气。该技术的工艺流程如图 5-1 所示。

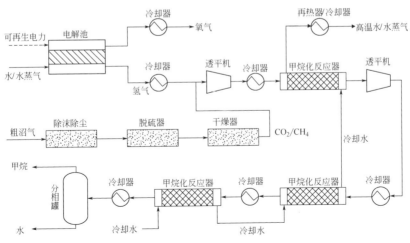

图 5-1　沼气电化学提纯技术工艺流程图

该工艺流程主要包含以下三个单元：沼气脱硫净化单元、电解水制氢单元和多级甲烷化制气单元。

沼气脱硫净化单元：主要目的是除沫除尘、脱硫脱水，以及除其他微量杂质，使净化后的沼气总硫含量低于 0.1 mg/m³。

电解水制氢单元：将水或者水蒸气经电解池电解后生成氢气和氧气。其中氧气排入大气，氢气与净化后的沼气混合作为甲烷化单元的原料气。电解水制氢单元最重要的装置是电解槽，这里采用高温固体氧化物电解水制氢装置。

多级甲烷化制气单元：将脱硫脱水预处理后的沼气与适量的氢气混合，将其中的大量 CO_2 甲烷化，同时将氢气催化转化为气态甲烷，为了提高甲烷化中 CO_2 的转化率以及生成较纯的天然气，需要经过多级甲烷化反应。甲烷化过程为强放热反应，反应器外部需要设置冷却器以控制反应温度避免催化剂失活，冷却水吸收甲烷化反应放出的热量后可以变成高温水或者低温水蒸气，为提高系统的能量转换效率，将该高温水或低温水蒸气经过适当控温，可供电解水制氢单元所用，多余的低品质热能还能用于沼气生产过程的保温加热，从而实现能量的高效转换与梯级利用。甲烷化反应是气体体积缩小的反应，在常压下反应效果较差，根据平衡移动的原理，使用透平机适当的提高反应压力有利于反应的进行。此外，生成的甲烷在应用的时候无论是输入天然气管道还是罐装储存都需要压缩，甲烷化反应阶段适当加压还具有减少后序存储的加压能耗的好处。但是原料气经过透平机加压后温度会明显升高，而甲烷化反应的催化剂在高温下有失活的风险，因此，反应进口温度需要控制在一定范围内，使甲烷化反应器的最高温度保持在催化剂失活温度以下。反应完成后的气体温度较高并带有大量的水蒸气，经过冷凝除水最终得到高浓度的合成天然气。脱除的水经过适当处理可供电解水制氢单元循环利用。

5.1.2 测试系统

沼气电化学合成生物天然气测试系统是一个典型的多能源系统（见图 5-2），系统智能控制是整个系统安全可靠运行的关键。整个系统运行过程中需要进行监控、保护、管理和故障排查。涉及热、电、气多物流/多能流全状态监测控制，需要有气体流量检测控制系统、气体检测仪控制显示器、温度检测控制系统等。其中系统换热与热管理是决定电化学提纯技术能耗大小的关键。换热网络的设计与优化，换热器的选型与设计将是系统设计的焦点。热管理系统是决定系统效率的重要因素，也是实现高效电解的核心，是提高系统能量转换效率的关键之一。

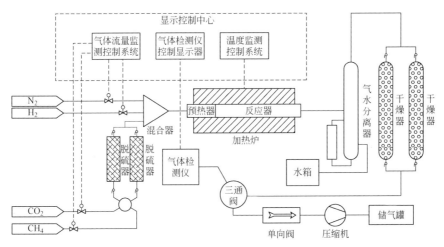

图 5-2　模拟沼气电化学合成生物天然气技术测试系统示意图

5.1.3　集成方案设计

由上述工艺流程可知, 基于高温电解水制氢的可再生能源高效制天然气系统集成包含 4 个主要单元: 沼气生产单元、沼气净化单元、电解水制氢单元和甲烷化提纯单元。针对各个单元的功能需要, 进行关键设备的配置。沼气生产单元包括沼气池、储气柜; 沼气净化单元包括风机、过滤器、脱硫塔以及干燥塔; 电解水制氢单元包括电解水制氢装置; 甲烷化提纯单元包括气体混合器、甲烷化反应器、换热器以及气水分离器。

各关键设备的功能如下。

沼气池: 沼气池是沼气生产机构, 保持 25~65 ℃的温度范围进行沼气生产和连续输出。

储气柜: 沼气的生产是波动的, 储气柜的存在可以将沼气池输出的沼气进行存储, 然后以一定的流量稳定输出。

风机: 储气柜在常压下输出混合气体, 而常压不利于后续反应效率的提升, 所以利用风机对混合气体进行增压, 增压压强稳定在 1~20 bar。

过滤器: 粗沼气中往往含有一定量的固体杂质, 比如粉尘、飞沫以及残渣等, 通过过滤器可以过滤这些固体杂质, 而且过滤器中的吸附剂还能吸附沼气中的相应杂质气体。

脱硫器: 沼气中含有的少量硫会对环境造成污染, 对设备、管道、仪表等产生腐蚀, 使催化剂中毒, 沼气脱硫方法可以选用湿法脱硫、干法脱硫或生物脱硫。使用氧化铁脱硫剂, 可以通过脱硫剂颜色变化判断脱硫剂使用情况与更换时机。

干燥塔: 水会与 H_2S、CO_2 等反应, 引起压缩机、气体贮罐和发动机的腐蚀; 水在管道中积累, 高压情况下会冷凝或结冰。因此, 沼气在生产生物天然气时需对沼气中的 H_2O 进行深度脱除。本文利用干燥塔去除沼气中的水, 得到纯净的 CH_4/CO_2 混合气。

换热器：将水箱中的水与反应生成的气体进行换热，经过换热升温后的水一部分进入电解水装置制备氢气，一部分进入沼气池维持沼气操作温度。

电解装置：提供稳定的氢源，电解后的氢气需要经过气水分离装置得到干净的氢气，得到的氧气也可以收集并利用。

气体混合器：充分均匀的混合 H_2 和纯净的 CH_4/CO_2 混合气，提高甲烷化反应效率。

甲烷化反应器：甲烷化反应器为管式反应器，材质为不锈钢，催化反应级数为一级或二级，每一级催化反应后都要经过气水分离装置将反应后气体中的水分除去。

催化剂：在使用前要进行活化还原，先在氮气氛围中升温到 150 ℃，然后将气体气氛从氮气调整为氢气，氢气流量为每千克催化剂 0.2 立方米氢气/h，温度不变保持 24 h，还原结束。

气水分离器：去除甲烷化反应后生成的生物天然气中的水分。

为实现上述系统的集成，给出了 4 种集成方案[1]：其中第 2、3、4 种方案氢气均来源于 SOEC 电解制氢，为体现出系统集成电解模块与不集成电解模块的差异和共同点，第一种方案中氢气采用外源氢气。

集成方案 1，如图 5-3 所示。

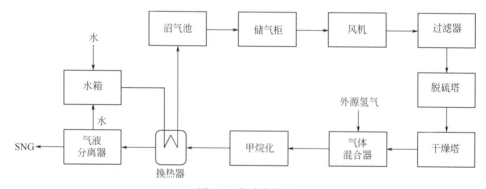

图 5-3　集成方案 1

沼气生产单元连接气体混合器的第一气体入口，气体混合器的第二气体入口连接氢气供给机构，气体混合器的气体出口连接甲烷化装置，氢气和沼气在气体混合器中混合。具体来说，甲烷化装置通过换热器连接气液分离器，气液分离器连接水箱和天然气储罐，水箱通过换热器连接沼气池，沼气池连接沼气储罐，沼气储罐连接沼气净化单元，沼气净化单元连接气体混合器的第一气体入口。沼气净化单元中风机连接过滤器，过滤器连接脱硫塔，脱硫塔连接干燥塔，干燥塔连接气体混合器。

本方案脱硫为湿法脱硫，先脱硫再干燥。

集成方案 1 的具体工作过程如下：

沼气池的沼气，经过风机加压至 1～20 bar，进入过滤器过滤除尘，通入干燥塔脱水，再经过脱硫塔脱硫，得到 CH_4 和 CO_2 的混合气体，水箱的水经过换热器加热后进入沼气池，使沼气池温度维持在 25～60 ℃，在气体混合器中，沼气中 CO_2 与 H_2 的体积比为 4，从而得到 CH$_4$ 含量达 95% 以上的天然气（SNG）。

集成方案 2，如图 5-4 所示。

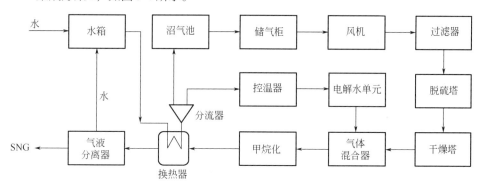

图 5-4　集成方案 2

将氢源从外供调整为电解水制氢供给后，其结构和工作原理是基本相同的，不同之处在于：氢气发生机构包括控温器和电解水装置，控温器连接电解水装置，电解水装置连接气体混合器，换热器通过分流器连接控温器，分流器还连接沼气池，水箱通过换热器连接分流器。

集成方案 2 的具体工作过程如下：

沼气池的沼气，经过风机加压至 1～20 bar，依次进入过滤器、干燥塔、脱硫塔进行过滤除尘、脱水、脱硫，得到 CH$_4$ 和 CO$_2$ 的混合气体，水箱的水经过换热器加热后进入沼气池，使沼气池温度维持在 25～60 ℃，在气体混合器中，沼气中 CO$_2$ 与 H$_2$ 的体积比仍为 4。水箱的水经过换热器加热后，通过分流器分流，一部分进入沼气池中，另一部分通过控温器加热后进入电解水装置中，电解水装置产生的氢气与经过干燥塔的沼气在气体混合器中混合并进入甲烷化装置中，甲烷化装置产生的甲烷进入换热器中进行换热后进入到气液分离器进行气液分离得到天然气和水，液体进入水箱中储存。

集成方案 3，如图 5-5 所示。

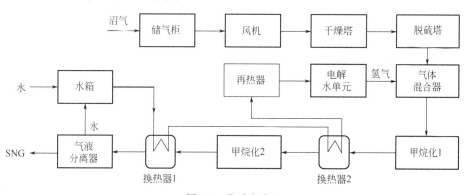

图 5-5　集成方案 3

沼气生产单元连接气体混合器的第一气体入口，气体混合器的第二气体入口连接氢气发生机构，气体混合器的气体出口连接甲烷化装置。

具体来说，甲烷化装置通过换热器连接气液分离器，气液分离器连接水箱和天然气储罐，水箱通过换热器1连接沼气池，沼气池连接沼气储罐，沼气储罐连接沼气净化组件，沼气净化组件连接气体混合器的第一气体入口。甲烷化装置包括第一甲烷化器和第二甲烷化器，气体混合器连接第一甲烷化器，第一甲烷化器连接换热器2，换热器2连接第二甲烷化器和再热器，第二甲烷化器连接换热器1。换热器1连接水箱和气液分离器。设置换热器1和换热器2，一方面需要将甲烷化出来的高温气体温度降到常温，同时甲烷化过程释放的热量将冷却水加热为高温水或者水蒸气，然后经过控温一部分进入电解水装置制备氢气，一部分进入沼气池维持沼气操作温度。

本实施例的脱硫为干法脱硫，先干燥再脱硫。

脱硫塔通过气体混合器连接甲烷化装置，所述的氢气发生机构包括换热器2，甲烷化装置连接换热器2，换热器2连接再热器，再热器连接电解水装置，电解水装置连接气体混合器。

方案3的具体实施过程如下：

沼气池的沼气，经过风机加压至1～20 bar，进入过滤器过滤除尘，通入脱硫塔脱硫，再经过干燥塔脱水，水箱的水经过换热器1加热后进入到换热器2，通过再热器进入电解水装置中，产生的氢气进入到气体混合器中，在气体混合器中，沼气中的CO_2与H_2体积比仍为4。混合气体经过第一甲烷化器后经过换热器2换热进入第二甲烷化器中，再进入换热器1中，经过气液分离器分离得到天然气和水，水进入第一水箱中。

集成方案4，如图5-6所示。

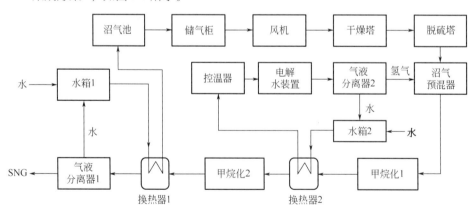

图5-6 集成方案4

集成方案4的结构和工作原理与集成方案3的基本相同，不同之处在于：电解水装置通过气液分离器2连接气体混合器，气液分离器2连接水箱2，水箱2通过换热器 2 连接控温器。

集成方案 4 的具体工作过程如下：

水箱 1 的水经过换热器 1 加热后进入沼气池，使沼气池温度维持在 25～60 ℃之间，在气体混合器中，沼气中的 CO_2 与 H_2 体积比也为 4。水箱 2 的水进入换热器 2 中换热后进入控温器中，经过电解水装置产生氢气，氢气和水的混合物进入气液分离器 2 中，氧气排空，液体进入水箱 2 中，氢气进入气体混合器中与经过脱硫塔脱硫的沼气混合，混合气体进入第一甲烷化器中进行甲烷化处理，处理后的气体通过换热器 2 换热后进入第二甲烷化器中甲烷化，再通过换热器 1 换热后进入气液分离器 1 中，液体进入水箱 1 中，气体即为所需天然气。

根据不同的甲烷化转化率以及系统集成的完整度的要求，针对基于高温电解水制氢的可再生能源高效制天然气技术，以第四种集成方案为首选。

5.1.4 集成应用方案

基于沼气-SOEC 的电制甲烷系统，电气化程度更高，与电力系统高度耦合，具备削峰填谷电力储能的功能。具体应用方案如图 5-7 所示。

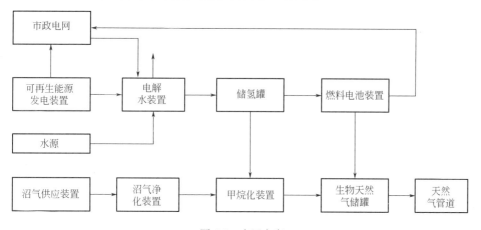

图 5-7 应用方案

基于沼气-SOEC 的电制甲烷系统在消纳富于电力并作为电力储能系统时，主要包括可再生能源发电装置（水力发电站、风力发电站或太阳能发电站）、电解装置、燃料电池装置、沼气供应装置、甲烷化装置。装置间的连接方式为：可再生能源发电装置连接电解水装置，电解水装置连接储氢罐，水源连接电解水装置，为电解水装置提供水源，储氢罐连接燃料电池装置，燃料电池装置连接市政电网，沼气供应装置连接沼气净化装置，沼气净化装置连接甲烷化装置，甲烷化装置连接生物天然气储罐，生物天然气储罐分别连接燃料电池装置和天然气管道，储氢罐还连接甲烷化装置。

在谷电时，市政电网的富余电力给电解水装置供电，电解水装置产生的氢气储存在储氢罐中，沼气供应装置通过沼气净化装置净化后进入甲烷化装置。在甲烷化装置中，二氧化碳和氢气进行甲烷化反应，生成甲烷为主的生物天然气，储存在生物天然气储罐中，输入天然气管道中。

在峰电时，可再生能源发电装置发电，电力输送给电解水装置，电解水装置产生的氢气储存在储氢罐中，储氢罐中的氢气通过燃料电池装置发电，电能输入市政电网中；储氢罐多余的氢气输入甲烷化装置中，沼气供应装置通过沼气净化装置净化后进入甲烷化装置，在甲烷化装置中，二氧化碳和氢气进行甲烷化反应，生成甲烷为主的生物天然气，生物天然气输入天然气管道中。当然，生物天然气也可以输入燃料电池装置中，通过燃料电池装置发电，电能输入市政电网中，实现削峰填谷。

5.2
可再生能源制生物天然气能耗分析

针对基于高温电解水制氢的可再生能源高效制天然气的系统，为比较与其他电解技术的能耗差异，对比了不同电解技术下的脱碳提纯环节的能耗。结合四种常见的沼气提纯技术，即压力水洗法、化学吸收法、变压吸附法、膜分离法，设定经过净化预处理的沼气成分为45%的CO_2、55%的CH_4。目标产物为20 bar的压缩天然气（CNG），CH_4含量大于95%，如表5-1所示。沼气处理量为2万立方米/天，对应传统沼气提纯技术约500 m^3/h的CNG生产规模。

表5-1 预处理后沼气以及脱碳提纯后产物成分

内容	成分	含量/%
净化后的沼气	CO_2	45
	CH_4	55
产物（CNG）	CH_4	>95
	其他	<5

各种提纯技术的能耗主要来自脱碳环节的耗电和耗热，以及为了制备压缩天然气的压缩机耗电量。

表5-2给出4种传统沼气提纯技术的能耗，其中提纯环节能耗数据来源于文献[2]和[3]。化学吸收法耗电量较低，为0.1 $kW \cdot h/m^3$沼气，但因为化学剂需要加热再生，要消耗大量热能，约为0.4 $kW \cdot h/m^3$沼气。为方便比较，参考文献[3]的假设，将

4 kW·h 热能按照 1 kW·h 电能计算。提纯后的天然气再经过压缩机将生物天然气从提纯单元的操作压力压缩到 20 bar。从表中数据可以看出，化学吸收法因为操作压力低，在提纯单元能耗比压力水洗法、变压吸附法均低。但提纯的生物天然气需要进一步压缩至 20 bar，化学吸收法工艺中压缩机消耗的能量最高，为 0.1 kW·h/m^3 沼气，对应系统总能耗为 0.3 kW·h/m^3 沼气，这与压力水洗法、变压吸附法将沼气提纯压缩为 CNG 的系统总能耗相当。相对而言，膜分离法对应系统总能耗最低，为 0.23 kW·h/m^3 沼气。

表 5-2　传统沼气提纯技术能耗分析

参数	压力水洗法	化学吸收法	变压吸附法	膜分离法
提纯单元操作压力/bar	10	1	7	5
出口 CNG 压力/bar	20	20	20	20
提纯耗能/(kW·h/m^{3}沼气)	0.28	0.20	0.27	0.19
压缩机耗能/(kW·h/m^{3}沼气)	0.02	0.1	0.03	0.04
系统总能耗/(kW·h/m^{3}沼气)	0.3	0.3	0.3	0.23

表 5-3 分析了 3 种电化学沼气提纯技术的能耗。电化学沼气提纯技术主要能耗来自电解单元耗电耗热，以及压缩机耗电。对于甲烷化单元压缩机耗电量以及甲烷化放热量，不同电化学合成生物天然气技术均相同，但是不同的电解技术的电解耗电量、系统内部换热量以及系统总耗热量不同。其中，电解需要的电能随着温度的升高而降低，因此，高温下电解水可以增加耗热的比例，降低制氢过程中电能的消耗。而增加的耗热量可以一部分由甲烷化释放的热量通过内部换热提供。冷却水吸收甲烷化反应放出热量后变成低温水蒸气，经过再热器升温可达到 600~800 ℃高温水蒸气。而 AEC 法和 PEM 法属于低温电解技术，对应的耗热量小，内部换热量小，可以完全由甲烷化的放热量提供。因此，SOEC 系统内部换热量远高于低温电解水技术。最终系统总的能耗包含了耗电量以及耗热量。同理，为了方便比较，此处将 4 kW·h 热能按照 1 kW·h 电能计算。

表 5-3　电化学合成生物天然气技术能耗分析

参数	AEC	PEM	SOEC
电解单元工作压力/bar	20	20	20
甲烷化单元工作压力/bar	20	20	20
电解单元耗电/(kW·h/m^{3}H$_2$)	5.1	4.8	3.2
电解单元耗电/(kW·h/m^{3}沼气)	9.18	8.64	5.76
压缩机总耗电/(kW·h/m^{3}沼气)	0.15	0.15	0.15
甲烷化单元放热/(kW·h/m^{3}沼气)	1.52	1.52	1.52
系统总耗电量/(kW·h/m^{3}沼气)	9.33	8.79	5.91
系统内部换热量/(kW·h/m^{3}沼气)	0.03	0.06	1.22

参数	AEC	PEM	SOEC
系统总耗热量/(kW·h/m³沼气)	0	0	0.15
系统总耗能/(kW·h/m³沼气)	9.33	8.79	5.95

表 5-4 对 4 种传统沼气提纯技术和 3 种电化学合成生物天然气技术的能耗进行了对比分析。1 m³ 甲烷燃烧热值约为 36 MJ，相当于 10 kW·h 电产生的热值，因此，55% CH_4 含量的沼气对应的热值为 5.5 kW·h/m³。传统的沼气提纯技术通过消耗一定的能量将沼气中 CO_2 脱除，生成高浓度 CH_4 的 CNG。如压力水洗提纯沼气技术，在提纯 1 m³ 沼气制备 CNG 过程中，消耗了 0.3 kW·h 能量，将沼气中 45% 的 CO_2 脱除掉，过程中 CH_4 损耗掉 2%，生成的 CNG 能量为 5.39 kW·h。整个过程中能量损耗 0.41 kW·h，过程中能量转化效率为 92.9%，具体如图 5-8（a）所示。电化学沼气提纯技术通过消耗大量能量来电解水制氢，再通入氢气将沼气中绝大多数 CO_2 转化为 CH_4。以 SOEC 电化学合成生物天然气沼气技术为例，为将 1 m³ 沼气提纯为 CNG，SOEC 电化学合成生物天然气系统消耗能量 5.95 kW·h，将 CO_2 转化为 CH_4，最终生成含少量 H_2 的 CNG，能量为 10.05 kW·h。整个过程能量损耗为 1.4 kW·h。过程总能量转换效率为 87.8%，如图 5-8（b）所示，其中电转为气的转化效率为 76.5%，该数值与文献[4]的测试值 79.8% 相当。与传统沼气提纯技术相比，电化学合成生物天然气技术最大的特点是通过将沼气中富集的 CO_2 转化为 CH_4 来提纯沼气，这个过程可以减少 CO_2 排放量，同时生成更多的 CNG，但也需要消耗更多的能量。因此，在 CNG 价格比较高，CO_2 排放交易费较高或者电价比较低的情况下，对电化学合成生物天然气技术的发展更有利。

表 5-4   不同沼气升级技术的能耗对比

参数	压力水洗法	化学吸收法	变压吸附法	膜分离法	AEC	PEM	SOEC
原料气能量/(kW·h/m³沼气)	5.5	5.5	5.5	5.5	5.5	5.5	5.5
系统总能耗/(kW·h/m³沼气)	0.3	0.3	0.3	0.23	9.33	8.79	5.95
CH_4 损耗/%	2	0.1	4	0.6	0	0	0
CO_2 甲烷化转化率/%	0	0	0	0	95	95	95
生成 CNG 能量/(kW·h/m³沼气)	5.39	5.49	5.28	5.47	10.05	10.05	10.05
过程能量转换效率/%	92.9	94.7	91.0	95.5	67.8	70.3	87.8

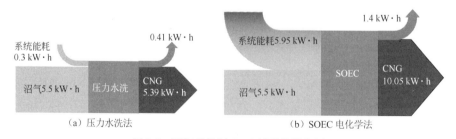

（a）压力水洗法   （b）SOEC 电化学法

图 5-8   沼气升级制 CNG 过程能量分析

5.3
可再生能源制生物天然气经济性分析

5.3.1　投资成本分析

　　针对上述 4 种不同的传统沼气提纯技术，比较其成本，如表 5-5 所示，变压吸附法投资成本最高，化学吸收法操作成本最高，而膜分离法的投资和操作成本均相对较低。同时，沼气提纯技术的单位投资成本以及操作成本随着产能的增加而降低。以压力水洗法为例，当生物天然气制气规模为 100 m^3/h 时，其单位投资成本为10100 €/(m^3/h) BNG；当制气规模为 500 m^3/h 时，其单位投资成本降到 3500 €/(m^3/h) BNG。此外，当规模较小时，单位投资成本受规模变化的影响更大，当生物天然气生产规模超过 1000m^3/h 后，沼气提纯技术的单位投资成本几乎保持不变，这些数据也体现了规模经济效应，较大的生物天然气制气规模对应较低的单位投资成本，这也是我国鼓励发展大型生物天然气工程的一大原因。

表 5-5　比较不同沼气提纯技术的成本[1,5]

参数		压力水洗法	化学吸收法	变压吸附法	膜分离法
投资成本/[€/(m^3/h) BNG]	100 m^3/h BNG	10100	9500	10400	7300～7600
	250 m^3/h BNG	5500	5000	5400	4700～4900
	500 m^3/h BNG	3500	3500	3700	3500～3700
操作成本/[€/(m^3/h) BNG]	100 m^3/h BNG	14.0	14.4	12.8	10.8～15.8
	250 m^3/h BNG	10.3	12.0	10.1	7.7～11.6
	500 m^3/h BNG	9.1	11.2	9.2	6.5～10.1

　　通过上面的分析，我们发现沼气提纯技术的发展前景与 CNG 价格、CO_2 排放交易费以及电价有关，所以进一步对比分析了不同沼气提纯技术的经济性。首先给出沼气提纯制备 CNG 的成本收益模型。整个提纯过程中的总成本包含固定投资的折旧与维护成本，系统能耗成本，沼气原料成本。为方便分析，耗水成本和人工成本因占比较小忽略不计。总收益包括 CNG 产品的收益以及因碳减排的碳交易收益。总利润等于总收益减去总成本。利润为零时便是投资收益的边界。

　　为方便比较，表 5-6 给定沼气提纯技术成本价格等相关参数。三种电化学合成生物天然气系统均设定为相同的单位投资成本，4000 元/kW·h，该数值包括了电解单元以及甲烷化单元的投资成本（整个提纯过程中默认为沼气是经过净化预处理的，这部分成本在几种提纯技术中数值相当）。由于传统沼气提纯技术的单位投资成本与沼气提纯制 CNG 的规模密切相关，因此，本节对三种规模的沼气提纯制 CNG 技术的成本收益进行了对比分析：分别是 2 万立方米沼气/天、1 万立方米沼气/天、5000 立方米沼气/天。

表5-6 沼气提纯技术经济性相关参数

参数	数值
粗沼气价格/(元/m³沼气)	1.50
压缩天然气价格/(元/m³CNG)	3.50
电价/(元/kW·h)	0.25
碳交易费/(元/吨)	250.00
电化学合成生物天然气设备单位投资成本/(元/kW·h)	4000

表 5-7 对不同规模下 3 种电化学沼气提纯技术的容量配置和投资成本进行了分析。由于 SOEC 对应的电解能耗更低，因此其电解功率更低，要求容量更小，对应的投资成本也更低。同时假定电解功率在 1000 kW 以上时，电解池单位投资成本趋于恒定，总投资成本随容量线性递增。

表5-7 3 种电化学沼气提纯技术投资成本分析

规模	参数	AEC	PEM	SOEC
2 万立方米沼气/天	电解池功率/kW	7650	6750	4500
	固定投资/万元	3060.00	2700.00	1800.00
1 万立方米沼气/天	电解池功率/kW	3825	3600	2400
	固定投资/万元	1530	1350	900
5 千立方米沼气/天	电解池功率/kW	3825	3600	2400
	固定投资/万元	765.00	675.00	450.00

表 5-8 对比分析了 3 种规模下不同沼气提纯技术的经济性。在 2 万立方米沼气/天的规模下，可以看出电化学合成生物天然气技术总固定投资远高于传统沼气提纯技术。但二者单位投资成本差异较小，这是因为电化学合成生物天然气技术每小时生成的 CNG 比传统沼气提纯技术高将近一倍。因此，单位 CNG 产率对应的投资成本的差异被缩小，尤其是 SOEC 的单位投资成本比传统沼气提纯技术更低。对于传统沼气提纯技术，最主要的成本为沼气原料成本，约占总成本的 84%，其次是固定投资对应的折旧与维护成本，系统能耗的成本约占 4.3%。而电化学合成生物天然气技术因为系统能耗高，其最主要的成本为系统能耗成本，其次是沼气原料成本，同时，因为单位沼气量生成的 CNG 更多，因此电化学合成生物天然气技术的收益也更高。此外，电化学合成生物天然气技术将沼气中 45%的 CO_2 转化为 CH_4 而不是将其排放到大气中，因此，如果考虑碳交易，电化学合成生物天然气技术有更多碳减排收益。从分析中可以看出 SOEC 电化学技术提纯每立方米沼气总成本为 3.23 元，收益为 3.92 元，

总利润约为 0.7 元。即使不考虑碳减排的收益，总利润也高达 0.48 元。而 AEC 和 PEM 由于能耗太高，投资成本和能耗成本均远高于 SOEC，因此最终利润较低并小于零，与传统沼气提纯技术相比没有体现出优势。

表 5-8（b）和（c）对比分析了中型规模的沼气提纯技术的经济性。由于传统沼气提纯技术规模较小时，单位投资成本更大，因此系统折旧与维修成本会更大，利润会更低。规模低到 5000 立方米沼气/天时，传统沼气提纯技术的利润已经减小到负数。这也解释了为何我国鼓励发展万立方米级大型生物天然气工程。因此，在中小规模的生物天然气工程中，电化学沼气提纯技术比传统沼气提纯技术更显优势。比如，在沼气资源分散、可再生电力资源丰富的偏远地区，使用电化学合成生物天然气技术将更有利。

表 5-8 不同沼气提纯技术的经济对比分析

（a）2 万立方米沼气/天

参数	压力水洗法	化学吸收法	变压吸附法	膜分离法	AEC	PEM	SOEC
总固定投资/万元	1323.86	1349.53	1370.95	1381.14	3060.00	2700.00	1800.00
单位投资成本/[万元/(m^3/h CNG)]	2.80	2.80	2.96	2.88	3.47	3.06	2.04
折旧与维修成本/(元/m^3沼气)	0.18	0.18	0.19	0.18	0.41	0.36	0.24
粗沼气原料成本/(元/m^3沼气)	1.50	1.50	1.50	1.50	1.50	1.50	1.50
系统能耗成本/(元/m^3沼气)	0.08	0.08	0.08	0.06	2.33	2.20	1.49
总成本/(元/m^3沼气)	1.75	1.75	1.76	1.74	4.24	4.06	3.23
天然气收益/(元/m^3沼气)	1.99	2.02	1.95	2.01	3.70	3.70	3.70
碳减排收益/(元/m^3沼气)	0.00	0.00	0.00	0.00	0.22	0.22	0.22
利润/(元/m^3沼气)	0.24	0.27	0.19	0.27	-0.32	-0.13	0.70

（b）1 万立方米沼气/天

参数	压力水洗法	化学吸收法	变压吸附法	膜分离法	AEC	PEM	SOEC
总固定投资/万元	1040.18	963.95	1000.42	920.76	1530.00	1350.00	900.00
单位投资成本/[万元/(m^3/h CNG)]	4.40	4.00	4.32	3.84	3.47	3.06	2.04
折旧与维修成本/(元/m^3沼气)	0.28	0.26	0.26	0.24	0.41	0.36	0.24
粗沼气原料成本/(元/m^3沼气)	1.50	1.50	1.50	1.50	1.50	1.50	1.50
系统能耗成本/(元/m^3沼气)	0.08	0.08	0.08	0.06	2.33	2.20	1.49
总成本/(元/m^3沼气)	1.85	1.83	1.84	1.80	4.24	4.06	3.23
天然气收益/(元/m^3沼气)	1.99	2.02	1.95	2.01	3.70	3.70	3.70
碳减排收益/(元/m^3沼气)	0.00	0.00	0.00	0.00	0.22	0.22	0.22
利润/(元/m^3沼气)	0.14	0.19	0.11	0.21	-0.32	-0.13	0.70

(c) 5000 立方米沼气/天

参数	压力水洗法	化学吸收法	变压吸附法	膜分离法	AEC	PEM	SOEC
总固定投资/万元	955.07	915.75	963.37	714.55	765.00	675.00	450.00
单位投资成本/[万元/(m³/h CNG)]	8.08	7.60	8.32	5.96	3.47	3.06	2.04
折旧与维修成本/(元/m³沼气)	0.51	0.49	0.51	0.38	0.41	0.36	0.24
粗沼气原料成本/(元/m³沼气)	1.50	1.50	1.50	1.50	1.50	1.50	1.50
系统能耗成本/(元/m³沼气)	0.08	0.08	0.08	0.06	2.33	2.20	1.49
总成本/(元/m³沼气)	2.08	2.06	2.09	1.94	4.24	4.06	3.23
天然气收益/(元/m³沼气)	1.99	2.02	1.95	2.01	3.70	3.70	3.70
碳减排收益/(元/m³沼气)	0.00	0.00	0.00	0.00	0.22	0.22	0.22
利润/(元/m³沼气)	-0.10	-0.04	-0.14	0.08	-0.32	-0.13	0.70

5.3.2 投资收益边界分析

进一步对沼气制生物天然气的投资收益边界进行分析。整个沼气制生物天然气过程的利润等于总收益减去总成本，利润为零对应的点便是投资收益的边界。通过考察投资收益边界可以分析 CNG 价格、电价、固定投资成本等因素对不同提纯技术经济性的影响。

设定预处理后的粗沼气价格为 1.5 元/m³，提纯后的 CNG 的价格为 3.5 元/m³。图 5-9 给定不同沼气提纯技术的投资收益边界。边界线下方表示收益大于成本，利润为正；上方表示收益小于成本，利润为负。边界线与横坐标的交点为可盈利的最高电价，与纵坐标的交点为可盈利最大单位投资成本。以电化学合成生物天然气技术为例，AEC、PEM、SOEC 对应的纵坐标为 20.5 万元/(m³/h CNG)，也就是说，即使电价为零的情况下，AEC、PEM、SOEC 技术盈利的单位投资成本最高也不能超过 20.5 万元/(m³/h CNG)，该值对应 AEC 的单位投资成本为 2.36 万元/kW·h，PEM 为 2.63 万元/kW·h，SOEC 为 4.13 万元/kW·h。随着电价升高，该值会快速下降。AEC、PEM、SOEC 对应的横坐标分别为 0.26 元/kW·h、0.28 元/kW·h、0.41 元/kW·h，也就是说，即使投资成本为零，电化学合成生物天然气技术的盈利电价也不能高于 0.26 元/kW·h（AEC）、0.28 元/kW·h（PEM）、0.41 元/kW·h（SOEC）。

此外，边界线位置越高越有优势，传统沼气提纯技术中，膜分离法优势最明显；电化学合成生物天然气技术中，SOEC 法投资收益边界线位置最高，经济性最好。最后，斜率越大，对电价的变化越敏感。传统提纯技术因为耗电相对较小，对电价不敏感；电化学合成，生物天然气技术因为耗电量大，对电价极为敏感。

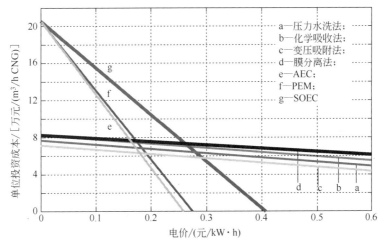

图 5-9 不同沼气升级技术投资收益边界

从图中还可以看到电化学合成生物天然气技术与传统提纯技术有相交的点。为方便分析，图 5-10 只比较了电化学合成生物天然气技术与膜分离法。点 A（0.26，7.3）为膜分离法与 SOEC 投资收益边界线的交点，该交点也是两种提纯技术的比较优势点。当电价大于 0.26 元/kW·h，膜分离法投资收益边界线在 SOEC 法上方，此时，膜分离法更有优势。相反，当电价小于 0.26 元/kW·h，SOEC 法投资收益边界线在膜分离法上方，此时，SOEC 法更有优势。同理，当单位投资成本小于 7.3 万元/(m³/h CNG)时，相同的单位投资成本下，膜分离法投资收益边界线在 SOEC 法上方，此时，膜分离法更有优势。相反，当单位投资成本大于 7.3 万元/(m³/h CNG)时，相同的单位投资成本下 SOEC 法更有优势。此处，7.3 万元/(m³/h CNG)对应 SOEC 和甲烷化装置的投资成本为 1.3 万元/kW·h。

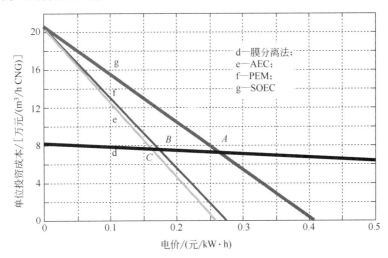

图 5-10 电化学合成生物天然气技术的比较优势分析

点 *B* (0.17,7.5)、点 *C* (0.16,7.6) 分别为膜分离法与 PEM 和 AEC 法的投资收益边界线的交点。即对于基于 PEM 和 AEC 的电化学合成生物天然气技术，只有当电价分别低于 0.17 元/kW·h、0.16 元/kW·h 时，相对于传统的膜法分离技术才有经济优势。

沼气的价格对投资收益也有影响，如图 5-11 所示。为了考察沼气价格对投资收益的影响，设定电价为 0.25 元。边界线下方表示收益大于成本，利润为正；上方表示收益小于成本，利润为负。边界线位置越高越有优势。可以看出 AEC 与 PEM 边界线位置较低，对 AEC 与 PEM 来说，0.25 元的电价还是较高的。而 SOEC 的投资收益边界线与传统沼气提纯技术有交点。从图中可以看出传统沼气提纯技术斜率更高，也即传统沼气提纯技术对沼气价格更敏感。当沼气价格较低时，传统沼气提纯技术边界线在 SOEC 边界线上方，此时传统沼气提纯技术更有利；相反，当沼气价格增高，SOEC 的投资收益边界线处于上方，此时 SOEC 更有优势。这是因为生成相同量的 CNG，传统沼气提纯技术消耗的沼气量远高于 SOEC，因此沼气原料价格越高，对传统沼气提纯技术越不利。

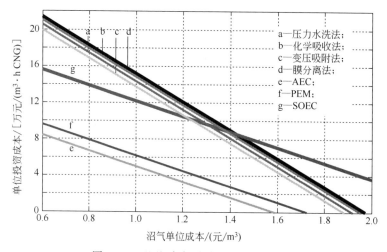

图 5-11　不同沼气提纯技术投资收益边界

CNG 价格越高，单位收益越高。因此，CNG 价格对不同沼气提纯技术的经济性也有明显的影响，如图 5-12 所示。CNG 价格越高，投资收益边界线位置越高，对应的电价和单位投资成本也越高。图中 *A*、*B*、*C* 三点分别是 CNG 单位价格为 3.0 元、3.5 元、4.0 元时，膜分离法与 SOEC 法对应的投资收益边界线的交点，可以看出交点也随着 CNG 价格的增加上移。CNG 价格越高对电化学合成生物天然气技术越有利。

整体而言，对电化学合成生物天然气技术和传统沼气提纯技术的能耗与经济性进行了详细对比，得到以下结论：

① 传统沼气提纯技术中，压力水洗法、化学吸收法、变压吸附法、膜分离法应用最为广泛，其中膜分离法能耗较低，投资成本也相对较低，表现出经济性较高。

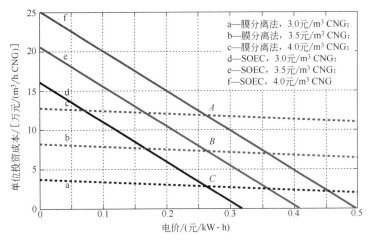

图 5-12　CNG 价格对沼气升级技术经济性的影响

② 与传统沼气提纯技术比较，电化学合成生物天然气技术的特点是处理相同量的沼气，生产的 CNG 的量更多，可以增加 CNG 的收益；同时能耗更高，会增加能耗成本，因此 CNG 价格越高，电价越低，对电化学合成生物天然气技术越有利。

③ 传统沼气提纯技术经济性受规模影响明显，沼气提纯规模较小时，单位投资成本更大，因此系统折旧与维修成本会更大，利润会更低。沼气处理量低于 5000 立方米每天时，电化学合成生物天然气技术优势更明显。

④ 在电化学合成生物天然气技术中，SOEC 因为能耗相对较低，在相同单位投资成本的情况下经济性最佳。

⑤ 对比 SOEC 与膜分离法，当电价小于 0.26 元/kW·h，或者单位投资成本大于 7.3 万元/(m³/h CNG)时，相同的单位投资成本下 SOEC 法更有优势。

⑥ 与传统沼气提纯技术相比，电化学合成生物天然气技术因为耗电量高，对电价更敏感，电价越低对电化学合成生物天然气技术越有利。

⑦ 与电化学合成生物天然气技术相比，生成相同量的 CNG，传统沼气提纯技术消耗的沼气量更高，因此，传统沼气提纯技术对沼气成本价更敏感。沼气原料价格越高，对电化学合成生物天然气技术越有利。

5.4
可再生能源制天然气的综合效益

（1）经济效益

经济效益方面，高温联合电制气系统，将可再生能源与化工耦合起来，把电力转换为甲烷，有望形成可再生能源与化工耦合模板，对可再生能源富余电力制各种烷烃、醇、醚等技术路线提供借鉴。项目利用高温联合电制气技术方案，将电网与燃气网络耦合，依托燃气系统，可以实现超大规模电力存储，大幅降低弃风弃光弃水量，进而缓解可再生能源富余电力由于长周期超大规模存储需求而带来的消纳难题，在减少了化石燃料消耗量的同时，也减少可再生能源弃电造成的巨大经济损失。此外，高温电制气方案，还可实现二氧化碳减排、生物气资源规模化利用，并促进我国天然气的自给自足，减少我国天然气的对外依赖程度。

(2) 社会效益

目前，我国风电、光伏等可再生能源开发过程存在严峻的可再生能源消纳难题，本项目针对高温电解水制氢联合生物气高效制甲烷的关键技术进行研究，涉及热能、化工、电气等多学科前沿技术交叉创新，形成可再生能源→氢能→甲烷技术链条，能够助力实现大规模可再生能源电力储存，是解决可再生能源消纳问题的有效尝试，也能为相关技术的发展提供有效的指导。

(3) 生态效益

针对我国城市垃圾、畜禽粪便等污染物不断增多的环境问题，通过电制氢联合生物气制甲烷，一方面通过生物气形式将我国城市垃圾、畜禽粪便等污染物资源化利用，另一方面减少了碳排放及环境污染问题，还为具备较强不确定性的可再生能源向安全、可靠、优质的绿色能源转化提供可行途径，可极大提升我国可再生能源消纳，降低化石燃料消耗量，有效降低 SO_2、NO_x 等大气污染物的排放，促进我国绿色发展战略的实施，具有显著的生态效益。

5.5
本章小结

一个高效的基于沼气的电制气系统集成，依赖于各个环节的高效配合，根据不同的目标要求可以选择不同的集成方案。与传统沼气提纯技术相比，处理相同量的沼气，集成系统生产的天然气量多出将近一倍，具有明显的产量优势。虽然高温电解现在还处在发展的初级阶段，但是随着技术的不断成熟和投资成本的不断下降，SOEC 由于兼具高效率和模块化的优势，未来的发展也很明朗。为此，也对未来可再生能源制天然气提出以下几点建议：

(1) 沼气方面

可以与地方啤酒厂沼气生产单位合作，建立新型沼气电化学提纯制生物天然气技术的示范性工程；以村为单位，利用该技术发展农村集中沼气提纯供气或分布式撬装供气工程；推进沼气高值化利用，促进沼气生物天然气并入天然气管网、罐装和作为车用燃料，沼气发电并网或企业自用；完善沼气标准体系，结合大数据、物联网等新一代信息技术，构建大规模沼气应用的智慧一体化平台，实现沼气的高品质应用与智慧化发展。

（2）SOEC 方面

需要关注电极材料、反应电堆和集成等方面。具体来说，电极材料上，要提升电极稳定性，实现大电流密度下的长期稳定运行；反应电堆上，要进一步增加电堆寿命、快速响应性能以及变工况下的鲁棒性；系统上，要开发出与其高温环境相匹配的低成本的材料，提升系统能量控制效率，实现能量和资源的最优利用。

（3）甲烷化方面

需要关注温度控制、甲烷化催化剂和反应器等。具体来说，甲烷化温度控制上，需要加强原料气循环量的把控、优化反应器内部装置；甲烷化催化剂上：要提升选择性和热物性；甲烷化反应器上，要进一步优化甲烷化反应器的结构和工艺。

（4）系统集成方面

需要进一步优化系统集成策略和控制方案，提高系统的能量效率，提高系统智能化程度以及可复制性。

参考文献

[1] 曾庆，胡强，林今，等. 利用电解水技术实现沼气电化学提纯制取生物天然气的系统及方法[P]. 发明专利 CN 110272770 A, 2019.

[2] Angelidaki I, Treu L, Tsapekos P, et al. Biogas upgrading and utilization: Current status and perspectives[J]. Biotechnology Advances, 2018, 36(2): 452.

[3] Factsheets on current biogas/biomethane handling practices Project 'BIN2GRID' report [R], 2016.

[4] John Bøgild Hansen, Haldor Topsøe A/S Riga. SOEC Enabled Biogas Upgrading [R], 2017.

[5] Chen X Y, Vinh-Thang H, Ramirez A A, et al. Membrane gas separation technologies for biogas upgrading[J]. RSC Advances, 2015.5(31): 24399-24448

[6] Biogas to Biomethane Technology Review[R], Vienna University of Technology (Austria)，Institute of Chemical Engineering, Research Divison Thermal Process Engineering and Simulation. 2012.5.